<<<<<<<<< 国家林业局经济发展研究中心 ▨ 主编

气候变化、生物多样性和荒漠化问题

动态参考

2012年度辑要

U0341870

中国林业出版社

图书在版编目(CIP)数据

气候变化、生物多样性和荒漠化问题动态参考年度辑要 2012 / 国家林业局经济发展研究中心主编. — — 北京:中国林业出版社,2013.6

ISBN 978 - 7 - 5038 - 7083 - 5

Ⅰ. ①气… Ⅱ. ①国… Ⅲ. ①气候变化 - 对策 - 研究 - 世界 ②生物多样性 - 生物资源保护 - 对策 - 研究 - 世界 ③沙漠化 - 对策 - 研究 - 世界 Ⅳ. ①P467 ②X176 ③P941.73

国版本图书馆 CIP 数据核字(2013)第 129286 号

出版	中国林业出版社(100009 北京西城区刘海胡同7号)
电话	010 - 83229512
发行	中国林业出版社
印刷	北京卡乐富印刷有限公司
版次	2013 年 7 月第 1 版
印次	2013 年 7 月第 1 次
开本	787mm × 1092mm 1/16
印张	10.5
字数	220 千字
定价	68.00 元

编委会

组　　　长：刘东生

副　组　长：王剑波　　王春峰

编委会成员：吴柏海　　曾以禹　　贺祥瑞　　韩志扬
　　　　　　林　琳　　吴　琼　　韩雪梅

执 行 主 编：吴柏海　　曾以禹

前　言

　　近年来，我国林业深入贯彻落实党中央确立的以生态建设为主的发展战略，大力推进林业重点工程建设和林业重大改革，不断加强森林、湿地、荒漠生态系统和生物多样性保护管理，取得了举世瞩目的成就，为社会提供了丰富多样的林产品和生态服务，逐步成为了国家生态建设的主战场、大舞台和支撑点，为经济社会的可持续发展打下了较好的基础。截至 2011 年底，我国森林覆盖率达到 20.36%，森林蓄积量增加到 137 亿立方米，森林生态系统每年提供价值约为 10 万亿元的生态服务。全国沙化土地面积由 20 世纪 90 年代后期年均扩展 3436 平方公里转变为年均缩减 1717 平方公里。90% 的陆地生态系统类型、85% 的野生动物种群和 65% 的高等植物种群得到有效保护。在全球森林资源总体减少的情况下，我国成为世界上森林资源增长最快和生态治理成效最为明显的国家。同时，我国山区面积占国土面积的 69%，山区人口占全国人口的 56%。林业作为重要的绿色经济部门，一直在山区林区可持续发展和消除贫困中具有基础地位，并发挥关键作用，为我国社会主义小康社会建设作出了巨大的贡献。

　　2012 年，党的十八大提出大力推进生态文明建设，努力建设美丽中国，形成了中国特色社会主义事业"五位一体"的总体布局。在这一新形势下，林业迎来了千载难逢的战略机遇期，进入了转型升级的关键阶段，发展生态林业和民生林业成为当前阶段的核心任务。如何进一步强化林业在国家生态文明建设中的主体地位和支撑作用，是摆在中国林业面前的一个重大课题。

　　在这一阶段，新形势、新情况千变万化，新矛盾、新问题层出不穷，新做法、新经验不断涌现。国家林业局党组要求认真贯彻落实党中央的要求，不断加强学习，坚持理论武装，树立世界眼光，善于把握规律，富有创新精神，努力提高执政能力和执政水平，以适应形势的变化和工作的需要。要树立问题意识，找准理论与实践的结合点，以辩证的态度对待问题，以科学的方法分析问题，以正确的理论指导解决问题。要大兴调查研究之风，把调查研究作为培育和弘扬良好学风的重要途径，在深入实践中学习，在总结经验中提高。目前，中国林业改革发展面临着一系列重大问题，需要从理论到实践不断探索、认真总结、抓紧研究，同时借鉴国际经验，寻找解决的途径和方法。

按照国家林业局党组的要求，局经济发展研究中心从 2007 年起编发《气候变化、生物多样性和荒漠化问题动态参考》（以下简称《动态参考》），以气候变化、生物多样性和荒漠化治理问题为重点，密切跟踪国内外林业建设和生态治理进程，搜集、整理和分析重要政策信息，为广大林业工作者提供一个跟踪动态、了解信息、学习借鉴的平台。2012 年，《动态参考》汇集了近百份有价值的重要信息资料，主要集中在 6 个方面：一是联合国可持续发展大会（里约 +20 峰会）及国际社会对林业的关切；二是林业作为绿色经济重要部门，在实现可持续发展和减少贫困中的地位和作用；三是林业与国际气候变化谈判，各国 REDD + 行动和气候变化立法；四是生物多样性和荒漠化治理的国际进程和各国行动；五是森林碳汇和交易体系建设；六是林业经营管理，涉及到森林可持续经营、林下经济发展、国有林管理、自然保护区管理、森林与极端天气灾害、林产品贸易与打击非法采伐等。这些信息必将对广大林业工作者开拓国际视野、指导当前工作起到参考作用。

今年，根据各方的要求和建议，局经济发展研究中心将 2012 年《动态参考》各期整理汇编，形成了一本内容全面、重点突出、资料详实、剖析深入的年度辑要。今后，在各方的支持下，《动态参考》及其年度辑要，会常办常新、越办越好，使广大林业工作者及时了解国内外林业建设和生态治理的进程动态和政策信息，从中学习借鉴好经验、好做法，有助于探索出林业建设的新路子，加快推进生态林业和民生林业建设，为建设生态文明和美丽中国作出新的更大的贡献。

编 著
2013 年 5 月

目　录

第二篇　气候变化、森林碳汇与碳排放权交易

第三篇 林业公约动态

第四篇　林业经营管理及研究

第一节　森林可持续经营

第二节　林下经济发展

第三节 国有林管理

第四节 自然保护区管理

第五节 林业与自然灾害

第六节 林产品贸易与打击非法采伐

后　记

第一篇

"RIO+20" 峰会与绿色经济

"里约 + 20"峰会概况
——迎接可持续发展的新起点

一、会议概况

6 月 20 ~ 22 日，联合国可持续发展大会在巴西里约热内卢举行。本次大会是自 1992 年联合国可持续发展领域举行的又一次重要会议。国际社会普遍高度关注，近 130 位国家元首和政府首脑出席会议，来自各国政府、国际组织、新闻机构及主要群体等共 5 万多名代表与会。

"里约 + 20"峰会要实现 3 个目标：第一，重申各国对实现可持续发展的政治承诺；第二，评估迄今为止在实现可持续发展主要峰会成果方面取得的进展和实施中存在的差距；第三，应对新的挑战。大会聚焦两个主题：可持续发展和消除贫困背景下的绿色经济与可持续发展的体制框架。大会的主要成果是一份高度聚焦于重点问题的政治文件《我们希望的未来》(*The Future We Want*)。

在为期 3 天的会议中，与会各方围绕"可持续发展和消除贫困背景下的绿色经济"和"促进可持续发展机制框架"两大主题，就 20 年来国际可持续发展各领域取得的进展和存在的差距进行深入讨论，经过各方积极努力，大会最终达成了题为"我们希望的未来"的成果文件。会议成果文件反映了各方主要关切，体现了国际社会的合作精神，展示了未来可持续发展的前景，对于确立全球可持续发展方向，具有重要指导意义。

二、会议成果

经各方共同努力，本次大会取得了积极成果。重申了"共同但有区别的责任"原则，使国际发展合作原则免受侵蚀，维护了国际发展的基础和框架；决定发起可持续发展目标讨论进程，就加强可持续发展国际合作发出重要和积极的信号，为制定 2015 年后国际发展议程提供重要指导；肯定绿色经济是实现可持续发展的重要手段之一，鼓励各国根据不同国情和发展阶段实施绿色经济政策；决定建立高级别政治论坛，取代联合国可持续发展委员会，加强联合国环境规划署职能，有助于提升可持续发展机制在联合国系统中的地位和重要性；敦促发达国家履行官方发展援助承诺，要求发达国家以优惠条件向发展中国家转让环境友好型技术，帮助发展中国家加强能力建设。

联合国秘书长潘基文说，"里约＋20"峰会毫无疑问是成功的，巩固了里约基本原则、重申了核心承诺并提供了新的发展方向，为实现社会、经济和环境相协调的可持续发展奠定了坚实的基础并提供了手段，是今后走向可持续未来的行动新起点。联合国副秘书长沙祖康说，"里约＋20"制定了具体实施可持续发展的行动框架，近700项志愿承诺是对官方成果文件的有益补充。巴西总统罗赛夫说，成果文件是一个巨大的进步，"我相信本次大会将带来巨大的变化"。

三、中国表现

温家宝总理亲率中国政府代表团与会，并在大会开幕式后首先发表讲话，集中表达了中国愿与国际社会一道推进全球可持续发展的立场和主张。这充分体现了中国政府对推进全球可持续发展的高度重视，彰显了中国负责任、有担当的发展中大国形象，受到与会代表的普遍欢迎和赞赏。

自大会筹备一年半以来，中方一直以积极和建设性姿态参与大会进程，全面、深入参与有关讨论和文件磋商，为大会的成功贡献了智慧和力量。特别是在大会成果文件的最后磋商中，中国代表团为努力推动各方求同存异，弥合分歧，推动谈判尽早达成共识做出了重要贡献。大会的结束意味着新的开始。中方将与有关各方共同努力，积极落实本次大会成果，不断推进全球可持续发展事业。

四、各方评说

在"里约＋20"峰会之后，各方对会议成果发表了看法，择其要者，摘录如下：

——阿希姆·施泰纳（联合国环境规划署执行主任）：会议成果文件反映"世界束手无策"。在当前的国际关系状况下，难以为可持续发展制定具有约束力的法律文件。在过去的20年里，我们没有把事情处理好。但在失败中也有一个系列非同寻常的活动和创新。其中的关键就是绿色经济，就是利用市场力量将经济发展走上一条绿色的道路。他强调，如果我们不进入经济政策这一核心，在这里开"里约＋40"会议时，我们势必积重难返了。市场本身也是社会结构的一部分，市场的力量并不是像地球引力一样无法控制，相反是可以支配的。

——雷切尔·凯特（世界银行主管可持续发展的副行长）：20年前，各国政府似乎都相信，通过一些环境法律来遏制西方式挥霍浪费（Western Profligacy），以及对发展中国家予以海外援助，我们的地球走上绿色发展的路径。现在，没有人再坚持这一想法了。出路寄望何方？我坚持绿色经济是答案。"20年前，我们同意做什么；现在我们有工具（指绿色经济）来做到这一点。"

——杜鹰（"里约 +20"峰会中国筹委会代表团团长、国家发展改革委副主任）：这份会议成果文件体现了国际社会的合作精神，展示了未来可持续发展的前景，对确立全球可持续发展方向具有重要的指导意义。会议成果文件重申了"共同但有区别的责任"原则，使国际发展合作指导原则免受侵蚀，维护了国际发展合作的基础和框架；大会决定启动可持续发展目标讨论进程，就加强可持续发展国际合作发出重要和积极信号，为制定 2015 年后全球可持续发展议程提供了重要指导。

——托德·斯特恩（美国气候变化特使）：会议成果文件有助于各方推进可持续发展领域的目标，这是一个磋商的成果，一个囊括了大量不同参与者不同观点的磋商文件。当然，不是每个国家都得到了想要的一切，每个国家或许都有满意或不满的地方，文件中也有值得改进之处。会议最终能达成这一文件本身就是各方向前迈出的坚实一步。与会各方已制度性地完成了一些重要事情，包括在联合国系统中显著增强环境规划署的作用、建立可持续发展高层论坛等。

——梅德韦杰夫（俄罗斯总理）：对俄罗斯在全球可持续发展上所承担的义务，"我们正有条不紊地履行自己在《京都议定书》中的义务。我再次重申，俄罗斯在 2020 年前的温室气体排放量将比 1990 年减少 25%。"他还呼吁其他国家积极行动起来，共同解决可持续发展问题。他说，有必要在绿色发展的框架内，建立各国定期交流优秀实践经验和技术的机制，联合国应在这方面发挥领导作用。

——亚历山大·别德里茨基（"里约 +20"峰会俄罗斯代表团成员）：俄罗斯一直以来没有一份可称为"可持续发展战略"的文件，而这次峰会的成果或许能改变俄罗斯人的看法，并让他们在这方面形成更完整的认识。

——贾扬蒂·纳塔拉詹（印度环境部长）：印度对峰会形成最终文件表示满意，但对一些发达国家在一些问题上、特别是在对发展中国家提供资金援助和技术支持方面显示出的消极政治意愿表示遗憾。在发展绿色经济问题上，发达国家仅提出南南合作的建议，在某种程度上是在可持续发展道路上的倒退。因为，尽管大会文件确实提及了南南合作，但这无法取代南北合作在可持续发展上的作用，南南合作只能是一个补充。发展中国家和发达国家在环境保护、发展情况和水平上存在很大差异，归结起来，应将发展绿色经济的成本降低至经济不富裕人群都能负担的水平。

——马尼什·巴普纳（世界资源研究所代理主席）：大部分非政府组织对最终成果文件的内容表示失望，这份文件"太弱、太含混"，文本的大部分内容仅在重复此前的协议，甚至与此前协议相比都显得是一种倒退。这意味着，里约峰会真正具有突破性的行动可能在正式进程之外。

（摘自：新华网、人民网，http：//www.uncsd2012.org/rio20/，http：//www.riopavilion.org/，Yale Environment 360（June 28，2012），2012 年 6 月）

"里约 + 20"峰会解读之一：
体现了国际社会要求发展林业、消除贫困、改善民生的关切

一、《我们希望的未来》的诞生

2012 年联合国可持续发展大会也就是"里约 + 20"峰会的主要成果，是一份高度聚焦于重点问题的政治文件——《我们希望的未来》。2012 年 1 月，大会在综合各成员国、民间组织、商业部门和相关团体意见的基础上，形成了《我们希望的未来》初稿。3 月 19 ~ 27 日、4 月 23 日至 5 月 4 日，联合国两次组织讨论对文件进行修订，并于 6 月 13 ~ 15 日在里约召开最后一轮会议确定文件终稿。

二、《我们希望的未来》的主要内容

《我们希望的未来》共包括前言、重申更新政治承诺、在可持续发展和消除贫困的背景下发展绿色经济、建立可持续发展的体制框架和行动措施框架 5 部分内容。除了前言外，其他各部分主要内容如下：

第一部分，重申更新政治承诺。重申了世界各国对《里约环境与发展宣言》、《21 世纪议程》、《约翰内斯堡宣言》等地球峰会和后续可持续发展峰会主要成果文件，以及对发展筹资问题国际会议的《蒙特雷共识》等发展筹资机制文件的承诺。评估了目前各国在实现可持续发展方面取得的进展，在实施可持续发展主要峰会成果方面存在的差距，以及需要解决的新问题。并提出了行动框架。

第二部分，在可持续发展和消除贫困的背景下发展绿色经济。论述了绿色经济对于可持续发展的重要作用，提出了发展绿色经济的政策手段与具体行动，包括建立有关经验分享的国际机制、制定绿色经济发展战略、增加投资、支持发展中国家等，同时提出了评估绿色经济发展进程的时间节点。

第三部分，建立可持续发展的体制框架。论述了推动可持续发展体制框架改革的方法。在机构强化方面提出了加强联合国系统内原有机构能力和建立新机构两种措施。强调国际金融机构对可持续发展的责任，尤其是提供资金支持方面的责任，并提出了针对不同层面的实施要求。

第四部分，行动措施框架。列举了需要采取行动的优先(重点和交叉)问题和领域及相应行动。提出应确定可持续发展目标和相应评估指标的建议，并从资金、科学与技术、能力建设、贸易 4 个方面提出了具体实施措施。

二、《我们希望的未来》与林业的关切

虽然一些人士声称森林在"里约 + 20"会议成果文件中被遗忘了，但是普遍认为，会议成果文件《我们希望的未来》还是比较充分地反映了国际社会对林业的关切。如在里约峰会会后登记注册的自愿承诺行动中，关于森林的行动占据重要的前两名位置，分别是到 2017 年新造 1 亿棵树和绿化 1 万平方公里的沙漠。这些关切继续关注森林的生态功能，但更加关注林业在消除贫困、改善民生、促进可持续发展中的经济和社会功能。这些不同的关切，除了散见在"粮食安全和营养与可持续农业"、"气候变化"、"生物多样性"、"荒漠化、土地退化和干旱"、"山区"等各节分外，尤为集中在"森林"一节中。

(1)在"森林"一节，包括第 193～196 条，强调了森林具有的多种功能和提供的多种产品，阐述了今后林业领域的发展方向和主要行动。具体规定如下：

"193. 我们强调森林给人类带来的社会、经济和环境惠益以及可持续森林管理对可持续发展大会的主题和目标的贡献。我们支持采取跨部门和跨机构的政策，促进可持续森林管理。我们重申，森林提供的范围广泛的产品和服务为应对许多最紧迫的可持续发展挑战创造了机会。我们要求加强努力，实现可持续森林管理、重新造林、森林恢复和植树造林。我们支持为有效减缓、制止和扭转毁林和森林退化现象做出各种努力，包括促进合法获取的森林产品贸易等。我们指出，正在开展的各种措施，比如减少发展中国家毁林和森林退化造成的排放等举措，非常重要，发展中国家的森林保护、森林可持续管理和森林碳储量提高也非常重要。我们要求加大努力，根据关于所有类型森林的无法律约束力的文书，加强森林治理框架和执行手段，以实现可持续森林管理。为此，我们承诺改善人民和社区的生计，为他们可持续地管理森林创造必要条件，包括加强金融、贸易、无害环境技术的转让、能力建设和治理方面的合理安排，以及按照国家立法和优先次序，推动执行可靠的土地保有制度、参与式决策和利益共享。"

"194. 我们要求紧急执行关于所有类型森林的无法律约束力的文书和在

启动国际森林年之际召开的第九届联合国森林论坛高级别部分通过的部长级宣言。"

"195. 我们认识到，联合国森林论坛实行普遍成员制，任务全面，在通盘综合处理与森林有关的问题以及在促进实现可持续森林管理的国际政策协调与合作方面，发挥至关重要的作用。我们请森林合作伙伴关系继续支持该论坛，鼓励各利益攸关方继续积极参与论坛的工作。"

"196. 我们强调必须将可持续森林管理的目标和做法纳入经济政策和决策的主流；为此，我们承诺通过森林合作伙伴关系成员组织的治理机构开展工作，酌情将所有类型森林的可持续管理纳入其战略和方案。"

（2）值得注意的是，《我们希望的未来》充分肯定森林在消除贫困、改善民生中的重要地位和作用，希望各国对此予以高度重视。如"粮食安全和营养与可持续农业"一节在第 109 条、第 111 条和第 115 条充分地阐述了林业与民生的关系。

"109. 我们认识到世界上很大一部分穷人生活在农村地区，而农村发展对许多国家的经济发展具有重要作用。我们强调有必要以经济、社会和环境可持续方式振兴农业和农村发展，特别是在发展中国家这样做。"

"111. 我们重申必须促进、加强和支持更可持续的农业，包括作物种植、畜牧、林业、渔业和水产养殖，做到既能增强粮食安全，消除饥饿，经济上可行，又能保护土地、水、动植物遗传资源、生物多样性和生态系统，并增强抵御气候变化和自然灾害的回弹力。我们还认识到有必要保持有利于粮食生产系统的自然生态过程。"

"115. 我们重申，世界粮食安全委员会的工作，包括该委员会在协助国家发起的可持续粮食生产和粮食安全评估方面发挥的作用，十分重要并具有包容性。我们鼓励各国考虑执行世界粮食安全委员会《国家粮食安全范围内负责任治理土地、渔场及森林保有权的自愿准则》。我们注意到当前正在世界粮食安全委员会框架内讨论负责任的农业投资，并注意到《负责任农业投资原则》过程。"

（3）在"山区"一节，对改善山区民生、促进山区可持续发展，又作了相应的规定：

"210. 我们认识到，山区的益处对可持续发展至关重要。山区生态系统在为世界大部分人口提供水资源方面发挥关键作用；脆弱的山区生态系统特别容易受到气候变化、砍伐森林和森林退化、土地用途变化、土地退化和自然灾害的不利影响；世界各地的山脉冰川正在退缩且变得越来越薄，对环境和人类福祉造成日益严重的影响。"

"211. 我们还认识到，山区通常是包括土著人民和地方社群在内的多个社区的家园，他们以可持续方式开发利用山区资源。然而，这些社区往往被边缘化。因此，我们强调必须继续努力解决这些地区的贫穷、粮食保障和营养、社会排斥和环境退化问题。我们请各国加强采取合作行动，使所有利益攸关方都切实参与并分享经验，强化促进山区可持续发展的现有安排、协定，并酌情探索新的安排和协定。"

"212. 我们要求作出更大努力，保护山区生态系统，包括其生物多样性。我们鼓励各国制订长期设想，采取全面方针，包括将有关山区的政策纳入国家可持续发展战略，其中可包括针对山区的减贫计划和方案等，在发展中国家更应如此。在这方面，我们呼吁国际社会支持发展中国家山区的可持续发展。"

"里约+20"峰会解读之二：
绿色经济的政策和行动，
以及"把森林纳入绿色经济的核心内容"

"里约+20"峰会两大主题之一就是"在可持续发展和消除贫困背景下的绿色经济"。《我们希望的未来》着重论述了绿色经济对于可持续发展的重要作用，在第三部分"在可持续发展和消除贫困的背景下发展绿色经济"中，分析了发展绿色经济的背景，提出了发展绿色经济的政策手段与具体行动。在"里约+20"峰会上，联合国粮农组织认为"世界森林在向新的绿色经济转型中扮演主要角色"，应该"把森林摆在绿色经济的核心地位"。在会议召开之前，一些研究机构如世界自然保护联盟就"里约+20"峰会零草案文件提出"森林在实现绿色经济中的基础地位"等观点。以下，根据"里约+20"峰会会议成果文件，以及相关文献和有关分析，介绍绿色经济的政策和行动，以及以联合国粮农组织所代表的关于林业与绿色经济关系的主流观点。

一、"里约+20"峰会提出发展绿色经济具有深刻背景

"里约+20"峰会正式闭幕，及其通过《我们希望的未来》这一会议成果，并没有给世人带来惊喜。这一结局在会议召开之前已经预见，所以"里约+20"峰会被调侃为"这是一场尚未召开而已经结束的会议"。一些环境主义斗士甚至激烈地指责抨击，题为"我们希望的未来"的会议宣言是一份软弱无力而毫无意义的文件，目的只在用最低的共同标准促进所有人达成共识，但是

没有告诉我们这个世界如何处理目前相互关联的经济危机和生态危机，并最后成为什么样。这究竟是希望的未来，还是恐惧的未来？一些分析人士所说，过去20年人们相信通过国际环境协定来拯救地球，但是"里约＋20"峰会可能最后埋葬这一信念。联合国环境规划署和世界银行的官员们也认为，会议成果文件反映"世界束手无策"，在当前的国际关系状况下，难以为可持续发展制定具有约束力的法律文件。

事实是，"里约＋20"峰会来得不太是时候。2008年，从美国华尔街爆发的一场金融危机席卷全球，至今世界经济仍然动荡、复苏缓慢。据亚洲发展银行新近发布的《2012年亚洲发展展望》报告称，2011年，美国、欧元区国家和日本等主要工业化国家的经济增长受阻，其国内生产总值（GDP）增长率仅为2%，且由于财政紧缩政策的实施和国内需求的疲软，这些国家的经济增长前景依然不容乐观。预计2012年的经济增长率将徘徊在1.1%的水平，2013年略升至1.7%。从地区和国家来看，情况也不容客观。欧洲专注于国内金融问题，欧元区国家仍然面临高负债的压力，正采取措施摆脱欧元区崩溃的泥沼。奥巴马政府正面临选举，经济是其首要关注的问题，对全球环境问题无暇顾及。奥巴马在2008竞选时提出了变革的承诺，现在甚至对气候变化只字不提。在全球经济前景仍不乐观的情况下，可以预计发达国家支持发展中国家实现可持续发展的资金投入意愿并不会十分强烈，大会就资金落实等问题达成政治上的广泛共识难度很大。

面对这样的形势，《我们希望的未来》这一会议成果文件指出，在可持续发展和消除贫困的大背景下，绿色经济能够为实现人类可持续发展的重要目标做出贡献，尤其能够帮助人类实现在消除贫困、保障粮食安全、合理管理水资源、普及现代能源服务、可持续发展城市、管理海洋提升其恢复力与应灾能力、公共卫生、发展人力资源、维持能够创造就业机会的包容性增长和平等增长等优先领域的目标。通过"里约＋20"峰会，越来越多的人认识到，发展绿色经济才是实现可持续发展的金钥匙，即利用市场力量将经济发展推上绿色轨道，而不像过去一样严厉地控制资本的力量尤其是对环境不利的方面。可以说，"里约＋20"会议或许让人遗憾，但也让人看到希望，寻找未来可持续发展的道路。

二、绿色经济强调里约基本原则和可持续发展内容

《我们希望的未来》强调，绿色经济应在以里约原则，特别是"共同但有区别的责任"原则的基础上，坚持以人为本，突出包容性，为全体国家及所有国民提供机会和惠益。

可持续发展是所有国家的首要目标，而绿色经济是实现可持续发展的重

要手段。各参会国家都应认识到，在可持续发展和消除贫困的大环境中，绿色经济应该保护并扩大自然资源基础，提高资源使用效率，推广可持续生产和消费模式，推动整个世界走向低碳发展之路。

绿色经济绝不是一套刻板的规则，而是一个决策框架，促使公共和私营部门在各项决策中都能综合考虑可持续发展的三大支柱。绿色经济政策和措施能够创造双赢的机遇，无论各国经济结构和发展阶段如何，绿色经济都能够促进和改善经济发展和环境可持续性的融合。

尽管各国的经济、社会和环境发展现状千差万别，具体国情和优先领域也各不相同，但是每个国家都能够做出恰当地选择。同时必须认识到，发展中国家在消除贫困，实现可持续增长方面面临着巨大的挑战，向绿色经济转型势必需要各国进行结构性调整，这些调整措施可能会造成额外的成本。因此，国际社会的支持必不可少。

向绿色经济转型应当成为所有国家的机遇，对任何经济体都不应构成威胁。因此，国际社会在可持续发展和消除贫困的大环境中帮助相关国家完成绿色经济转型，绝对不能制造新的贸易壁垒；不能对援助和融资行为强加新条件；不能加深技术差距，也不能加剧发展中国家对发达国家的技术依赖；不能限制各国寻求可持续发展道路的政策空间。

三、加快促进绿色经济知识共享

《我们希望的未来》提出应支持建立一个国际知识共享平台，协助各国制定和实施绿色经济政策。

世界各国都还处在发展绿色经济的初级阶段，应该相互学习借鉴。有些国家包括发展中国家已经在发展绿色经济方面取得了一些成功经验。人们必须承认，需要针对各国需求和偏好制定相应的政策和措施。可供选择的政策手段包括调控手段、经济和财政工具、投资绿色基础设施、财政激励措施、补贴改革、可持续的公共采购、信息公开、自愿参与的伙伴关系等。

这个平台应该包括如下内容：可选政策措施的清单；在区域、国家和地方3个层面实施绿色经济政策时可以使用的最佳实践集；用于评估进展的指标体系；帮助发展中国家实施绿色经济的技术服务、技术与筹资指南。

《我们希望的未来》还要求联合国秘书长与各国际机构和联合国系统内的相关机构与部门协商，尽快建立这一平台，并敦促各成员国尽快在文件第四部分提出的体制框架下总结国家相关经验，敦促各部门尤其是经济部门和工业部门，共同参与经验分享活动。

四、制订发展绿色经济战略至关重要

《我们希望的未来》鼓励所有国家和地区通过一个各利益相关方均参与的

透明程序制定各自的绿色经济战略，并希望联合国与其他相关国际组织携手支持发展中国家制定发展绿色经济战略。

工商业部门要为各自领域内的产业制定发展绿色经济的路线图。绿色经济路线图不仅要包含具体的目标和衡量进展的基线数据，还要包括能够净增工作的岗位。制定路线图的工作应由各产业部门组织实施，在国家之间开展合作，同时咨询政府、工人、公会和其他利益相关方共同制定。

鼓励各国和各利益相关方自愿做出承诺，采取行动，通过创建创新型伙伴关系等手段在可持续发展和消除贫困的大背景下实现绿色经济。

如果在发展绿色经济方面取得重大进展，所有的国家都需要进行新的投资，形成新的技能，促进技术发展、转让和使用，加强能力建设。因此，需要在这些方面对发展中国家提供支持，并同意为发展中国家提供新的、额外的、规模更大的筹资资源；开展国际行动，加强创新型金融工具在发展绿色经济中的作用；逐步淘汰对环境有重大负面影响且不符合可持续发展要求的各项补贴措施，同时实施保护贫困和弱势群体的措施；促进需要发展中国家参与的绿色技术的国际合作研究，确保绿色技术的开发始终处在公共领域内，且能以发展中国家可以承担的价格供其购买；推动建立精英中心作为绿色技术研发的基地；支持发展中国家的科学家、工程师和工程机构开展工作，发展本土的绿色技术并使用传统知识；制定能力建设方案，提供针对各国特点的建议，如果条件适宜，也可以提供适合区域特点和部门特点的建议，帮助所有感兴趣的国家和地区申请能够使用的资金。

五、把森林纳入绿色经济的核心内容

6月18日，"里约+20"峰会上讨论了一个主题，即"世界森林在向新的绿色经济转型中扮演主要角色"。联合国粮农组织（FAO）指出，"把森林纳入绿色经济的核心内容"，要引领森林角色的转变，政府必须制定规划和政策，释放森林的潜力并确保森林被可持续管理。在一本新发布的报告——《2012年世界森林状况》（*The State of the World's Forests* 2012）中，FAO列举了一些案例，证明更好、更加可持续利用林业资源，可以为应对里约20周年峰会上提出的许多挑战作出重要贡献，这些挑战包括减少贫困和饥饿、把气候变化的影响降低为最小、创造可供人类利用的替代性的、更加可持续的生物制品和生物能源的来源。

"森林和树木为世界最为贫困的10亿人提供了粮食、能源和现金收入的直接来源"，FAO林业部助理总干事爱德华多·罗哈斯—布里亚莱斯（Eduardo Rojas-Briales）说。他继续补充道："同时，森林固碳和减缓气候变化、保持水和土壤健康、防止荒漠化。森林可持续管理提供了多重效益——假如有正确的规划和政策，该部门能引领迈向更加可持续的绿色经济。"

FAO 的报告从三方面论述引领绿色经济转型的观点：①支撑生计（Supporting Livelihoods）。根据 FAO 的新报告，向以木材为基础的企业投资，能产生就业岗位、创造资产和复兴农村上百万人的生计。报告注意到，世界约有 3.5 亿人其中包括 6000 万土著人，其日常生计和长期生存依赖森林。在很多案例中，农场林业（也称为混农林业），其 40% 的收入来自于木材、林果、油料和药材。尽管由于各界对毁林的关注，木材产品的声誉受到影响，但来自于合法、优良管理来源的木材，既能储存碳，又极易回收利用。世界各地以森林为基础的产业正在创新具有竞争力的新产品和新工艺，以替代不可再生的材料，这种做法开启了迈向低碳生物经济的路径。报告指出，以森林为基础的产业的进步在推动提高农村经济的同时实现可持续发展目标。但是，报告同时指出，某些地区 2002～2010 年林产品出口价值提高了 2 倍多，需要更多关注基于森林的、为当地社区谋利的中小规模企业的创建。②可再生能源（Renewable Energy）。报告认为，可持续林业提供了可再生、可替代能源的一个来源。今天，木材能源仍然是世界人口 1/3 强的主要来源，特别是贫困人口中的最主要来源。虽然对可再生能源的搜寻不断加强，但同时不能忽视基于森林生物质的能源已作为一种更为清洁和绿色的替代能源出现。根据 FAO 的报告，只要木材来自可持续管理的森林、采用适当的技术燃烧，并结合开展再造林和可持续森林经营计划，那么提取自木材的能源能（同时）提供气候中和（Climate-Neutral）和社会公平（Socially Equitable）的解决方案。报告中陈述："增加（包括基于木材的燃料的）可再生能源相对于化石燃料的利用，可能是全球低碳经济转型最为重要的几个要素之一。来自木材的可持续能源的生产可以创造当地就业，并可以用来调节进口化石燃料的开支，重新投资于国内的能源来源，产生就业和收入效应"。③捕获碳以应对气候变化（carbon capture to mitigate climate change）。通过大规模减少毁林并恢复失去的森林，能从大气中清除大量的碳，减少气候变化的严峻挑战。同时，这类项目也支持农村生计，并提供可再生能源原料供可持续建筑使用更多的木材和竹子以及生物能源。根据《全球森林景观恢复伙伴关系计划》（*Global Partnership for Forest Landscape Restoration*），大约 20 亿公顷土地适合恢复为森林。造林还提供了防止荒漠化和土壤退化的附加效益。

FAO 的报告从政策支持角度阐述如何促进森林引领绿色经济转型，具体观点如下：把森林摆在绿色经济核心地位，首先要求，政策和规划为企业追求森林资源可持续利用提供激励。这包括消除"导致毁林和森林退化、林地转变为其他用途、还有与木材和竹子竞争能源使用地位的不可再生能源如钢铁、混凝土、化石燃料能源的"负面激励。其次，要为森林生态系统服务如碳汇提供合适的收入流，同时能鼓励森林所有者保护和恢复森林。此外，开放的和分权化的管理，包括产业转型和能源供应，能帮助提高效率和透明度，并为当地企业家提供多元化选择机会。

（摘译自：http：//www. uncsd2012. org/rio20/，http：//www. riopavilion. org/，Yale Environment 360（June 28，2012），以及 FAO：Putting forests at the heart of a new, greener economy）

"里约 + 20"峰会解读之三：
在里约三个公约框架下的林业行动

"里约 + 20"峰会成果文件《我们希望的未来》第 14 条说，"我们认识到三次会议对于推进可持续发展的重要性。为此，我们敦促所有各方按照《联合国气候变化框架公约》、《生物多样性公约》和《在发生严重干旱和/或荒漠化的国家特别是在非洲防治荒漠化的公约》的原则和规定，充分履行其在这些文书中所作承诺，在各级采取有效的具体行动和措施，并加强国际合作。"

可以预见，在"里约 + 20"峰会的主题下，世界绿色经济将逐步发展，国际可持续发展体制框架将进一步强化，林业国际规则也随之发生变化，我国也将在强化的体制框架中逐步承担符合中国林业发展阶段与进程的国际责任。因此，如何参与国际林业治理与国际林业规则的构建，更好地维护国家利益，增强中国在国际林业领域的话语权，是需要认真研究的课题，现在也是到了制定符合中国国家利益的林业发展国际合作路线图的关键时刻。

为此，本刊组织跟踪研究了"里约 + 20"峰会及相关林业议题，根据"'里约 + 20'联合国可持续发展大会"（2012 年 6 月 20 ~ 22 日，巴西里约热内卢）会议发表文件 THE RIO CONVENTIONS ACTION ON FORESTS，翻译整理出以下内容，供研究参考。

1 引言

森林在气候变化、生物多样性和防治荒漠化/土地退化中的重要性

森林覆盖了地球土地面积的 30% 左右并提供了许多重要的森林功能和服务，包括食物、饲料、水、遮蔽、营养循环、空气净化、游憩休闲以至文化传承。同时，森林还吸收和固定碳，为许许多多物种提供栖息场所，并减缓土地退化和防治荒漠化。

里约三大公约，即生物多样性公约（CBD）、联合国防治荒漠化公约（UN-CCD）以及联合国应对气候变化框架公约（UNFCCC），均承认森林对每一公约实现其宗旨和目标具有重要意义。

2 森林授权和行动项目

2.1 生物多样性公约（CBD）

2.1.1 授权/重要决议

《生物多样性公约》是一份具有法律约束力的关于生物多样性保护、可持续利用以及公正平等地分享遗传资源利用所产生利益的国际公约。

《2011～2020年生物多样性战略规划》，在2010年10月召开的生物多样性公约缔约方大会第十届会议上通过，旨在通过更加包括所有缔约方和相关利益者的广泛合作，更为有效地执行CBD公约，以扭转生物多样性灭失的趋势，确保到2020年全球生态系统仍然富有弹性和活力，继续为全人类福祉和生计提供重要的生态服务。因此，《2011～2020年生物多样性战略规划》被认为是关于生物多样性保护和利用的总体框架，对生物多样性有关的公约是如此，对整个联合国系统也是如此。

《2011～2020年生物多样性战略规划》的核心内容就是形成一个体系的20个目标，也就是所谓的"爱知生物多样性目标"（Aichi Biodiversity Targets）。为了确保贯彻落实战略规划，这些目标应该在2020年前全部实现。这些目标中有的直接与森林相关，有的涉及森林及其他领域：

目标5. 到2020年，使所有自然生境（包括森林）的丧失至少减少一半，可能时使之降低到接近零，并大幅减少退还和支离破碎的程度。

目标7. 到2020年，农业、水产养殖及森林覆盖的区域都实现可持续管理，确保生物多样性得到保护。

目标11. 到2020年，至少有17%的陆地和内陆水域及10%的沿海和海洋区域，尤其是对于生物多样性和生态系统服务具有特殊重要性的区域，通过有效和公平管理的、生态上有代表性和妥善管理的系统性的保护区和其他有效的基于地区的保护措施受到保护，并纳入更广泛的地貌景观和海洋景观。

目标14. 到2020年，带来重要服务的生态系统，包括与水相关的服务，以及为健康、生计和福祉作出贡献的生态系统得到恢复和保障，同时考虑到妇女、土著和地方社区以及贫困和脆弱群体的需要。

目标15. 到2020年，通过养护和恢复行动，包括恢复至少15%退化的生态系统，生态系统的复原能力以及生物多样性对碳储存的贡献已经得到加强，从而有助于气候变化的减缓与适应以及防止荒漠化。

《2011～2020年生物多样性战略规划》的执行与《2011～2020年国际生物

多样性 10 年》(*International Decade on Biodiversity* 2011—2020)紧密结合,后者由联合国全体会议 2010 年 12 月通过。现在,公约开始监测执行 2011 ~ 2020年生物多样性战略规划以及实现爱知生物多样性目标的进展情况。在这进程中,各缔约方第 15 次国家报告的提交,以及对全球生物多样性状况分析并发布"第 4 次全球生物多样性展望",将成为具有重要意义的盛事,并将在 2014年完成。

2.1.2　正在进行的行动项目及相关行动

CBD 公约通过多种方式强调并促进解决森林有关问题。关于森林生物多样性的工作项目就包括 130 个特别具体的行动,以确保在国家层面对森林生物多样性进行有效保护和可持续利用,其中就包括森林治理、法律执行及相关合法贸易。公约希望每一缔约方都要编制并定期审改《国家生物多样性战略和行动规划》(*National Biodiversity Strategies and Action Plans*,简写为 NB-SAPs),作为维持国家执行公约的政策框架。公约通过发布出版物和实践指导,以及举办研讨会和加强能力建设,帮助各缔约方执行公约。公约还推进一些合作项目,如与 ITTO 联合推出的热带森林生物多样性,为发展中国家提供资金和技术支持。在所有这些行动中,公约非常重视和保护土著人群和当地社区的权益(参见公约第 8 条(j)和第 10 条(c))。

重要决议:X/2,X/33,X/356,IX/5,VI/22。

公约还支持 REDD + 对话和活动,目的是为确保 REDD + 活动给生物多样性、土著人群以及当地社区带来福祉。如,CBD 公约及其合作者们通过举办研讨会和能力建设,支持了 UNFCCC 下的 REDD + 保障机制的交流对话。

2.1.3　"里约 +20"及今后的相关行动

《生物多样性公约关于获取遗传资源和公正和公平分享其利用所产生惠益的名古屋议定书》,由于公约缔约方大会第 10 次会议通过,旨在进一步实现公约三大目标之一:公正和公平分享遗传资源的利用所产生的惠益。今后,通过名古屋议定书及其相关项目工作,加强森林生物多样性保护和利用,这属于公约优先考虑的地位。通过建立更可靠的遗传资源获取方式和促进公平公开分享遗传资源利用所产生的惠益,名古屋议定书将为遗传资源的提供者和利用者创建更好的法律制度和透明机制。

公约关于森林生态系统的另一重要议题,就是支持缔约方修复森林景观,以有利于生物多样性、土著人群和当地社区。在 2011 年德国波恩召开的"关于森林、气候变化和生物多样性波恩挑战"的会议上,缔约方和合作者们宣布了一项雄伟的目标,即到 2020 年最少修复 150 万公顷退化森林的景观,以促进实现第 15 项爱知目标,这将对里约三大公约的目标实现具有实质性的意义。今后,CBD 公约通过能力建设和建立推行生态社会友好的森林景观修复，继续实现其支持各国行动的承诺。

2.2 联合国防治荒漠化公约(UNCCD)

2.2.1 授权/重要决议

"森林对于干旱地区消除贫困最为重要。让这些干旱地区恢复生机，保护这些干旱地区免受荒漠化和旱灾，森林具有首要地位。"

2011年有两件盛事。一是国际森林年，强调森林对人类的服务。另一是联合国防治荒漠化10年进入第二年，让联合国防治荒漠化公约获得一个难得机会，让人们关注干旱地区森林并发出召唤——"森林让干旱地区生机勃勃"。

毁林及带来的荒漠化，对土地生产率、人类和牲畜健康以及生态旅游等经济活动，产生巨大的负面影响。森林及植被能够固定土壤、减轻水与风的侵蚀、保持土壤水分养分，因此能够防止土地退化和荒漠化。维持森林生态系统，以及发展农林复合系统，能可持续地提供生态服务功能。这对减少土地退化和荒漠化对农村贫穷人群的影响，进而消除贫困，具有实质性的重要贡献。不仅如此，毁林及造成的植被破坏，导致了土地退化和荒漠化，势必造成生物多样性灭失，阻碍森林固碳从而加剧了气候变化。

对自然资源综合性可持续管理和土地可持续利用模式，公约的许多条款和附件均有相关规定。另外，公约10年战略规划，以及执行公约的政策框架(2008～2018)，或者第3/COP.8项决议，包括了四个战略目标：改善受影响人口的生活条件；改善受影响生态系统的状况；通过有效执行公约为全球创造福祉；通过推动国际和各国各种有效合作关系，调动资源支持公约执行。

重要决议：8/COP.4，2/COP.6，12/COP.7，3/COP.8，4/COP.8。

2.2.2 正在执行的行动项目及相关活动

国家行动项目(NAPs)包括各类土地和抗旱相关政策的国家战略，能作为一项重要工具，指导各国执行公约，并监测治理荒漠化/土地退化和干旱(DLDD)的成效。

在进程报告中，一些受影响的缔约国在其报告中高度评价了各种造林和再造林的活动，以及推进森林可持续经营和农林复合生态系统保护的活动。这构成了林业行业行动计划，被各缔约方纳入国家行动项目而在各国层面执行。

2.2.3 "里约 +20"及今后的相关行动

公约将继续推进可持续土地管理(SLM)，设立土地退化的量化目标，作为治理荒漠化/土地退化和干旱（DLDD）的工具，同时也是打击毁林的工具。在"10年战略规划"中，公约将通过把可持续土地管理纳入国家林业政策等方式，进一步支持受影响的缔约方把加强土地可持续管理(SLM)作为主流。正如"10年战略规划"所倡导一样，一份关于可持续土地管理的综合性投资政策框架即将编制出台，支持各国调动各种金融资源，以资助与可持续土地管理相关的项目和行动。

同时，2012～2013年，受影响的缔约国首次根据两类指标进行计量、监测和报告：第一类是强制性指标，主要为土地植被状况；第二类是临时性指标，是在自愿的基础上报告，包括土地利用变化、动植物多样性、地表和地下碳储量以及实施可持续土地管理的土地等等。这些重要指标将提供重要信息，以监测和评估干旱地区森林状况。

2.3 联合国气候变化框架公约(UNFCCC)

2.3.1 授权/重要决议

UNFCCC认识到，因为森林作为全球性的巨大碳储备库，森林在减缓气候变化方面扮演着重要角色。UNFCCC国际进程关注着土地利用、土地利用变化及林业行动(Land Use, Land Use Change and Forestry Activities)的相关政策及方法学，以促进林业领域减缓气候变化的行动。

(1)在发展中国家，减少毁林和森林退化产生的碳排放，加强森林保护、森林可持续经营和增强森林碳储存(REDD+)

UNFCCC缔约方承认，在人类活动产生全球温室气体排放中，毁林和森林退化所造成的排放占有巨大的比重。各缔约方已经确认，当务之急是采取进一步行动，以减少发展中国家毁林和森林退化产生的排放。从缔约方大会第11次会议开始，REDD+在国家层面执行上取得了重大进展，如制订其方法学指导，识别其重要构成内容、原则和保障机制，以及考虑供选择的资金机制，等等。

重要决议：1/CP.13，2/CP.13，4/CP.15，1/CP.16，2/CP.17，12/CP.17

(2)在发达国家，土地利用、土地利用变化和林业(LULUCF)

公约缔约方大会，以及京都议定书缔约方大会，通过其决议，对发达国家明确规定了应当承担关于LULUCF的承诺，以及发达国家要执行、计量、报告LULUCF活动。

这些缔约方通过LULUCF领域发生的温室气体排放源和汇清除量，对其在UNFCCC下温室气体年度计算清单，进行计量和报告。在京都议定书第一承诺期内(2008～2012年)，缔约方有权选择以下土地利用活动，进行温室气体排放和汇清除量的计量和报告：森林经营、耕地经营、草原经营及相关植被恢复。在第二承诺期，关于森林经营产生的温室气体排放和汇清除量，将成为强制性要求。对于上述其他土地利用的类型，以及湿地排水和复灌，缔约方有权选择是否进行计量和报告。

重要决议：16/CMP.1，2/CMP.6，2/CMP.7

（3）在清洁发展机制下的造林再造林项目活动

清洁发展机制（CDM）的目的是帮助缔约发展中国家实现可持续发展从而有助于实现 UNFCCC

最终目标，同时也帮助缔约发达国家更好地实现其减排承诺。在京都议定书第一承诺期内，在发展中国家实施的造林再造林项目，是符合清洁发展机制要求的创造碳汇项目。这类项目也支持可持续发展，有益于生物多样性和环境保护。

重要决议：5/CMP. 1，6/CMP. 1

2.3.2 正在执行的行动项目及相关活动

在推进 REDD + 相关活动中，许多缔约发展中国家呼吁给予技术和制度的能力建设，要求分享相关工作经验。公约缔约方大会鼓励所有缔约国收集并报告执行 REDD + 所需的数据信息，以支持和加强这些发展中国家的能力建设。另外，公约鼓励所有缔约国、国际机构和相关利益者，加强 REDD + 执行协作，通过整合提高效率，避免 REDD + 执行中重复建设。为此，公约缔约方大会要求秘书处加强协调 REDD + 相关能力建设的各类活动。

2.3.3 "里约 +20"及今后的相关行动

在进程中，所有缔约方继续指导和推进实施 REDD + 的各类活动。同时，部分发展中国家正在制定关于 REDD + 国家战略或者行动方案。今后，包括联合国 REDD 项目（UN-REDD Programmes）和世界银行森林碳伙伴基金（the Forest Carbon Partnership Facility）支持的各种实地经验（On-the-ground Experiences）和能力建设活动将继续推进，为整个国际进程和各缔约方提供有价值的反馈信息。

UNFCCC 秘书处将继续维持"REDD 网络平台"（the REDD Web Platform），作为网络信息和经验分享的一个重要渠道。同时，针对联合国政府间气候变化专门委员会（IPCC）关于 REDD + 活动的指南和规范，"REDD 网络平台"也作为一个互动对话平台，进一步提高信息、经验和教训的分享。

3 利益相关者实施和促进可持续发展的机遇和挑战

在这三个公约下，实现与林业有关的承诺、指导和行动所要面临的：

3.1 重要挑战

（1）更好地解决毁林和森林退化的驱动力问题，切实提高部门间在规划和实施方面的协调性。

（2）建设机制性和技术性力量，保证强有力和透明的林业测量、报告和认证。

（3）确保能给公约下的 REDD + 行动和其他林业相关政策提供充足的和可

预测的金融与技术支持。

（4）提高公众认识森林可持续发展的重要性，包括旱地森林。

（5）促进当地的、可持续性的森林产品和服务的市场开发。

（6）提升森林（包括旱地森林和森林低覆盖率国家）科学性数据的质量，并增强其可用性，积极影响国家政策的发展和实施。

3.2 主要机遇

（1）不断增长的政治性（因素）会减缓、制止和逆转森林覆盖率和碳损失，并会恢复退化的森林景观的重要区域。

（2）新的和现存的森林计划和项目会提供多重利益和提升生态系统服务，并满足依赖林业的社区的可适应性需求。

（3）广泛实施森林可持续管理。

（4）扩大发展中国家在实施减少毁林和森林退化行动的参与性，促进可持续性土地管理，应对生物多样性损失和土地的退化、荒漠化。

（5）加强森林生态系统的保护（包括干旱森林），进而致使这些生态系统提供产品和服务能力的增强，因此会增加就业机会和提高当地人民生活水平。

（6）除了（关注）气候变化减缓效益的产生，还应注重大量的 REDD + 共同效益的产生，例如减少贫困和对其他生态系统服务的增强与保护。

（7）通过综合自然资源管理来增强国家和地方水平上的决策过程，将其作为一种森林资源保护和维持的手段。

（8）原住民和当地社区在决策和行动实施中的参与和参加。

4 关于里约公约在促进可持续发展中有关协同作用的结论

在这三个公约中，参与者已经决定促进、支持和\或鼓励森林的可持续管理和对全类型森林的生态、社会与环境价值的维护和增强。三个公约的政策和它们的各自实施互补。表 1 阐释了里约公约中这三个林业相关决议的协同作用。

表 1　里约公约中三个林业相关决议之间的协同作用

爱知县生物多样性目标 （CBD 决议 X \ 2）	REDD + 要素 （UNFCCC 决议 1 \ CP. 16）	DLDD 和可持续森林管理 （UNCDD 决议 4 \ COP. 8）
目标 5. 到 2020 年，所有的自然栖息地，包括森林，损失率至少减半，并在可行的情况下接近零，退化和破碎化明显减少	➢ 减少毁林带来的排放量； ➢ 减少森林退化带来的排放量； ➢ 森林碳储存的保护	➢ 加强可持续森林管理，将其作为一种防止土壤流失和洪水的手段，从而增加碳汇面积和保护生态系统和生物多样性； ➢ 加强 LFCCs 的能力，防治荒漠化、土地退化和毁林

续表

爱知县生物多样性目标 （CBD 决议 X \ 2）	REDD + 要素 （UNFCCC 决议 1 \ CP. 16）	DLDD 和可持续森林管理 （UNCDD 决议 4 \ COP. 8）
目标 7. 到 2020 年，在农业领域，养殖业和林业的可持续管理，确保生物多样性保护	➤ 森林的可持续管理； ➤ 行动要与自然森林和生物多样性的保护相一致，并激励对自然森林及其生态系统服务的保护	➤ 加强可持续森林管理，将其作为一种防止土壤流失和洪水的手段，从而增加碳汇面积和保护生态系统和生物多样性
目标 11. 到 2020 年，至少 17% 的陆地被保护，通过有效的和公平的管理，保护区具有生态代表性和良好的连接系统	➤ 森林碳储存的保护； ➤ REDD + 活动应当与环境完整性的目标相一致，并考虑森林和其他生态系统的多样性功能	➤ 加强可持续森林管理，将其作为一种防止土壤流失和洪水的手段，从而增加碳汇面积和保护生态系统和生物多样性； ➤ 加强 LFCCs 的能力，防治荒漠化、土地退化和毁林
目标 14. 到 2020 年，提供必要的服务，包括与水有关的服务，以及健康、生计和福祉作出贡献的生态系统得到恢复和保障，考虑到妇女、土著和地方社区、穷人和弱势群体的需求	➤ 森林碳储存的保护； ➤ 森林碳储存的增强； ➤ REDD + 活动应该促进和支持利益相关者的全面和有效的参与，特别是原住民和当地社区	➤ 通过加强可持续森林管理和综合水管理来维持受影响地区的生态系统服务，防止土壤流失和洪水，增加碳汇面积，保护生态系统和生物多样性
目标 15. 到 2020 年，生态系统的弹性和生物多样性的碳储量的贡献已得到增强，通过保护和恢复，包括恢复退化的生态系统，至少有 15%，从而有助于减缓气候变化，适应和防治荒漠化	➤ 减少毁林带来的排放量； ➤ 减少森林退化带来的排放量； ➤ 森林碳储存的保护； ➤ 森林的可持续管理； ➤ 森林碳储存的增强	➤ 通过加强可持续森林管理和综合水管理来维持受影响地区的生态系统服务，防止土壤流失和洪水，增加碳汇面积，保护生态系统和生物多样性

（译自："里约 +20"联合国可持续发展大会（2012 年 6 月 20～22 日，巴西里约热内卢）会议发表文件 *THE RIO CONVENTIONS ACTION ON FORESTS*）

"里约 + 20"峰会首次承认自然资本价值带来生物多样性和生态系统管理的政策调整

革命性的认识转变：自然资本是可持续发展的核心元素

在"里约 + 20"峰会，190 多个国家齐聚并一致认识到，最近的全球危机表明关于发展的传统看法具有误导性，现在是时候来反思发展、福祉和财富的根基。在过去 40 年里，全球逐步意识到我们的生态系统和生物多样性面临着巨大压力。

这些关注集中体现在成果文件《我们希望的未来》第 39 段和第 40 段中："我们认识到，地球及其生态系统是我们的家园……我们注意到一些国家在促进可持续发展的背景下承认自然的权利，我们深信，为了在当代和子孙后代的经济、社会和环境需求之间实现公正平衡，有必要促进与自然的和谐。""我们要求以通盘整合的方式对待可持续发展，引导人类与自然和谐共存，努力恢复地球生态系统的健康和完整性。"

这表明，各国领导人相信在平衡当代人和后代人可持续发展的经济、社会和环境需求的同时，必须保护自然权利。许多非政府组织（NGOs）对成果文件大失所望，因为文件缺乏具体的承诺、时间表、定义或日程。然而，这是第一次由各国政府明确承认，自然资本（生物多样性和生态系统服务）是可持续发展所必要的核心元素，健康的生态系统毫无疑义是人类福祉的基础。这是一个在认识上非凡的革命性转变，因为它最终将环境从边际问题转移到未来发展战略的一个核心组成部分。这将打开一扇机会之窗，通过整合生物多样性和生态系统服务的多元价值，将可持续发展的路径过渡到政策和管理决策上来。这意味着基于"包容性财富"（Inclusive Wealth）来创建绿色经济，考虑到了包括自然、社会、人力、金融等所有形式的资本，同时代际幸福会随着时间的推移而增加。这一认识也能在解决生物多样性损失和生态系统退化的问题上提供一个与商业部门集体行动的基础，以及实现这些目标的紧急和重要的转变。

对全球、区域和国家生物多样性和生态系统的政策建议

生物多样性和生态系统的可持续利用需要在供给和需求之间的一个精细调谐的平衡。如果"需要"（Demand）被"需求"（Requirement）所代替（基于资源利用的公平），如果生物多样性、生态系统生产力，再生能力和恢复力（"安全限制供应"Safe Limit Supply）被嵌入到"供应"的概念中，这些将是对社会最好的指导方针。通过保护和适当管理生物多样性和生态系统的服务，再加上社会期望和驱动"需求"行为的根本性转变，实现平衡的可能性就会大大提高。

生物多样性和生态系统的可持续利用需要改变人类的期望和抱负、行为习惯和资源使用。与此同时，穷人的抱负和需要，也应该得到尊重和支持，特别是一些贫瘠地区：人们为生存而挣扎，不得不使用稀缺的资源，引起生物多样性流失和生态系统退化。

一些国家（由于投资和保护可能有相对健康的生态系统）的过度资源需求在脆弱生态系统中引起的退化会超过他们自身的国界，例如气候变化的影响、

商品生产的高水平用水量(虚拟水)、棕榈林的改变、放牧等。

这意味着生物多样性和生态系统的保护必须平衡跨越多个空间和经济尺度的交易,通过纠正当前交易上的失衡的支持性和扶持性的政策来寻求行为上的改变。"里约+20"峰会上建立的关于自然资本的价值的成果,可以帮助政策制定,促进美好的愿望实现。

这可以通过以下政策建议:

(1)加强地方和国家两级的生态系统和生物多样性治理和机构管理,促进政府、私营部门、民间社会和当地社区之间的合作。尤其是,确保维护和可持续利用自然资源的治理,是实现可持续发展和减少贫困的目标,具有重要意义。

(2)重估生物多样性和生态系统长期服务的价值,而不仅限于当前利益。生物多样性丧失和生态系统退化的主要驱动力之一是追求经济利益。一直以来,生物多样性和生态系统长期服务价值难以评估,因为存在市场失灵。例如,毁林之所以发生是因为有利可图,短期内销售木材并改变土地用途获得经济利益,但是消费者并不承担毁林带来的破坏涵养水源的环境成本。

(3)将环境价值纳入经济模型中,推动走向可持续发展。所有层次上的规划和决策,必须考虑生态系统服务的价值和生物多样性,将其纳入减贫和人类发展为目的的发展战略。生态系统和生物多样性经济学(TEEB, The Economics of Ecosystems and Biodiversity)领域的科学家们已一致认为,与传统经济发展衡量方式相比。生态系统和生物多样性纳入价值累积和财富计算的方法,是一种"更有意义和准确的做法"。传统国内生产总值(GDP)或收入计算方法把大多数生态系统影响当作"外部因素"。科学家们还估计,在某些情况下,生态系统服务和其他非市场化的商品,占据了"穷人的生计总源"的90%,而按照传统方式,农、林业和渔业所带来的只占国内生产总值的6%。对生态系统服务人类社区的价值,展现在经济层面中的这些价值,应该区分认识,采用适当的机制和工具保护前者。

(4)政策设计和实施要立足于全面而高质量的信息。现有的生物多样性和生态系统监测和评估方案要么不完整,要么不系统。目前这些研究和监测不足以反映生物多样性和生态系统为全球经济所提供服务的真实价值。需要对相关科学研究和监测予以更大支持,为研究制订全面而科学的管理方法提供基础,以指导决策和监督执行。因此,对经济和政策机制的构建和评估,显得非常必要,这包括四个方面的标准:环境长期效益性、公正性、成本效益分析、确保政策集合的制度相容性。

联合国环境规划署专门撰文,论述一系列**相关议题:**

"恢复维持一个绿色经济的自然基金会":侧重于在"里约+20"后20年

的过渡期中如何开展工作。它突出了关键的解决方案，利用生态系统管理的方法来解决我们所面临的诸多压力。考虑到地球上生命的基本依据，这是不可想象的，我们不能进步，没有维护地球多样的生态系统的健康。因此，它属于我们所有人，包括个人、社区、私营部门和各国代表等，面对未来的挑战，利用我们承诺和理解的最好的解决方案，以确保平稳过渡到绿色经济。

"可持续森林：在我们共同的未来投资"：森林作为一种有生产力的自然资产，可产生不同层次的商品和服务，创新的市场和政策机制的使用，能内化森林的这种真正的经济价值，从而会促进投资。结合社会、经济和环境效益的机制是鼓励对森林的持续投资的必要基础，保障绿色经济的成功实现。

"非洲发展视野中的生态系统管理，迈向一种可持续发展绿色经济"：阐述了生物多样性和生态系统对非洲地区的人们福祉的基础性意义，突出了在生态系统管理上的关键政策的挑战和机遇，为加强在该地区的政策制定者的能力提出建议。

"2012 年包容性财富报告"：由 UNU-IHDP 和环境规划署联合研究提出，为衡量国家的生产力基础和与经济发展的关联提供了一个框架。

设定"包容性的财富指数"来衡量国家财富，包括制造、人类和自然资本，如生态系统服务，可以作为国内生产总值的替代。该报告建议国家在规划和发展部门利用包容性的财富指数，这样可以使项目和活动在均衡的投资组合方法基础上被评估。

结论：采取紧迫行动的历史时刻

"里约＋20"峰会被视为一个历史时刻，即国际社会认识到，必须更加紧急行动，抓紧实施关于气候变化、生物多样性和扶贫的各项协议。峰会对自然资本价值的承认，为人们提供一个新的肯定：如果发展是长时期内真正可持续的，自然资产是发展不可或缺的要素。政府需要更好的承认目标之间的协同作用，必须同时支持自上而下和自下而上的倡议。同样，企业和社区需要采取利用生物多样性和生态系统服务所带来的经济效益。每天在各级决策中纳入的整合的生物多样性将受益于民间社会，包括媒体、非政府组织和广大市民的支持和参与。

（摘自：Rio＋20 Recognizes Value of Biodiversity and Ecosystems：Implications for Global，Regional and National Policy，联合国环境规划署（UNEP），2012 年 7 月 27 日。）

欧盟分析"里约+20"峰会成果及
面临的挑战和选择

在 2012 年 9 月 2 日欧盟委员会欧盟环境专员(European Commissioner for Environment)举行的小组讨论会上,聚焦了"我们面临的挑战及必须作出的选择"的主题,分析了"Rio+20"峰会对欧盟的含义。

一、我们面临的挑战及"Rio+20"峰会取得的显著进步

(一)我们面临的挑战

预计在 21 世纪中期,我们星球承载的人口数量将超越 90 亿。到 2030 年,地球将增加新的 30 亿中产阶层消费者。这 30 亿人的生活水平将巨幅提升,为他们提供需求满足的企业将欣欣向荣。但是,他们的巨额需求将对地球的多种资源产生巨大的压力。2050 年将需要三倍多的资源(约为 1400 亿吨/年)总量。对食品、饲料和纤维的需求预计将增加 70%。然而,今天我们支撑这些资源的生态系统的 60% 已经退化。

总而言之,世界已经变化。比历史任何时候,我们已经相互紧密联系。许多挑战,如气候变化、生物多样性丧失、稀缺资源(水、土地、海洋)、潜在的大规模流行病、贫困和全球安全,仅仅能通过共同的努力才能得到解决。我们还面临经济大幅滑坡的挑战。这些都要求,对所有的经济体,必须把目前依赖大量资源投入的经济增长模式转变为提高资源利用效率的经济模式。

(二)"Rio+20"峰会取得的显著进步

——把绿色经济的概念广泛嵌入各方;

——成功通过《关于可持续生产和消费的 10 年框架规划》(10-Year Framework of Programmes);

——成功建立了为可持续发展融资战略准备各种选项的政府间专家委员会;

——实现了"国家层面实现超越 GDP 概念的(绿色)发展,企业层面实现可持续发展报告(Corporate Sustainability Reporting)"的承诺;

——许多伙伴承诺实现自然资本核算(Natural Capital Accounting);

——取得了努力工作实现可持续发展目标的操作协议(Operational Agreement)。

二、我们的选择

"里约 +20"峰会表明，欧盟和新兴大国将是 21 世纪的合作伙伴。即使欧盟与新兴大国处于不同的发展阶段，但我们都面临着同样的资源压力和环境挑战。但是，我们也是竞争对手，对资源竞争的升级会导致经济，还有政治方面的压力，甚至冲突。这方面的竞争加剧，意味着我们必须找到办法，更好地管理和使用我们的资源。未来，考虑到人口增长和人均消费率增长将成为常态，如何有效地管理现有的有限资源对我们的未来将起到决定性作用。虽然我们都加强技术和创新能力，可以从有限的资源获得更多，但这仍然是不够的。我们还需要重新考虑我们现有的开发、利用模式。

对我们来说，最重要的答案之一，是以知识为基础，倡导资源节约，发展低碳经济，让其成为我们关注和行动的中心。以更有效的方式使用我们的自然资源，不仅是保护环境，还要促进绿色增长和创造就业机会，塑造我们的未来。欧盟多年度财政框架（2014 ~ 2020），正在讨论促进欧洲未来投资在创造丰富工作岗位的绿色增长和创新的产业。

为什么这一方向如此重要，主要在于欧洲面临的 3 个困境：①使用了大量的资源。欧洲的经济建立在资源密集型"棕色"增长上。使用的原材料，每人每年 16 万吨。其中作为垃圾每人每年扔掉 6 吨，其中的一半（3 吨）就在当地进行填埋。②如今，这些资源变得更加昂贵。经过一个世纪的消耗，资源供给压力提高，导致价格自 2000 年以来稳步增加，未来的价格将不可避免地继续上升，并继续波动。③超过一半以上的原材料都是进口的，对进口的依赖不断增加。48% 的铜矿石来自进口。"看不见的手"将促使经济主体重新调整他们的创新潜力，提高劳动生产率，提高资源生产率。但全球资源的争夺战才刚刚开始。资源压力将成为未来增长的主要制约因素。

即使可以使用新技术和利用新的资源，或对现有资源深入挖掘，增加资源供应，但是，下述四个方面将成为未来绿色增长 4 道绕不开的"坎"：

——需要使用较少的原材料；

——需要回收和再利用；

——需要提高资源生产率；

——需要提高附加值。

在欧盟层面上，需要怎么做，才能提供正确刺激绿色经济的制度框架条件？我们应该：

——发出明确的信号，使市场主体投资到有效的绿色资源。

——屏蔽错误的激励，减少对环境有害的补贴。

——需要建立欧洲领先的生态环保产业，如环保技术和服务。

——刺激绿色经济，需要促进更广泛地利用企业可持续发展的指标，如由世界经济论坛在 2005 年推出的环保指数。

（摘译自：Janez Potocnik European Commissioner for Environment，The Global Challenges We Face and the Choices We Must Make Panel Discussion：Europe and the Reshaped Global Order-Bled Strategic Forum（Slovenia）Bled，2 September 2012。）

联合国粮农组织研究林业如何将"Rio +20"成果付诸行动 强调森林是可持续未来的核心

2012 年 9 月 24～28 日，联合国粮农组织（FAO）林业委员会（下称林委）第 21 届会议（即粮农组织森林周活动）召开，研究林业如何将"Rio +20"成果付诸行动，提出林业重点领域及优先行动。林委认为，世界领导人在"Rio +20"会议上一致认为，森林在应对可持续发展进程中的诸多挑战方面能够发挥重要作用。为了帮助发挥这一作用，第 21 届会议集中讨论如何把"Rio +20"的成果转化为行动，聚焦四大主题领域中的多项跨部门联系：一是将森林融入各级环境和土地利用政策；二是把"森林、树木和人在生活地貌中和谐共存"纳入农村发展的关键进行思考；三是扩大可持续森林管理的财政基础：木材和非木材产品、服务、创新、市场、投资和国际文书；四是加强林业跨部门联系，为改进政策和良好治理奠定坚实的信息和知识基础。具体情况如下：

一、"Rio +20"与森林有关的成果

（1）联合国可持续发展大会于 2012 年 6 月 20～22 日在巴西里约热内卢举行，讨论可持续性问题并就七大主要领域商定共同行动。"Rio +20"峰会审视了继 1992 年在里约举行首届环发会议 20 年后实现可持续发展目标的进展情况。峰会的两大主题是绿色经济和促进可持续发展的体制框架。峰会讨论的七大主题领域有：就业、能源、可持续城市、粮食安全和可持续农业、水资源、海洋及灾难防备。虽然森林不是"Rio +20"峰会的重点，代表们仍有机会强调"森林和林产品有助于应对这七大主要领域里每个领域的挑战"这一信息。

（2）粮农组织在与森林合作伙伴关系一起向"Rio +20"峰会提交的提案中，强调了采取"地貌方法"管理自然资源的重要性。这种方法通过跨部门和

机构间合作，确保在决策中考虑森林的环境、经济和社会方面。由粮农组织任主席的森林合作伙伴关系的成员指出森林如何能够帮助各国减轻贫困，达到千年发展目标，开发农村地区，降低气候变化风险，确保粮食安全和提高农业生产率，改善能源供应和实现贸易最大化。这些成员还指出，各国都能从发展更绿色的经济中获益，而森林在绿色经济中提供生物能源、生态系统服务、可持续节能建筑材料及为生活在偏远农村地区的人们改善生计。为此，他们建议需要在以下方面努力：加强森林相关机构；提高森林管理能力；教育和机构；生态环境服务补偿；下放森林管理权力；采取协调一致的政策；提升价值链。

（3）"Rio + 20"的成果文件《我们希望的未来》有四段和森林有关，强调森林部门在很多领域都能发挥作用，包括提供可持续生产和服务；重新造林、恢复和造林以扭转毁林趋势；可持续森林管理；降低气候变化风险；加强合作、能力建设和治理。这些描述森林的段落还指出，森林合作伙伴关系的重要性及其与国际进程，如联合国森林论坛一起改进国际森林政策以及与各国一起改进可持续森林管理所发挥的作用。

（4）粮农组织和森林合作伙伴关系成员开展的活动讨论了森林和农业之间的联系如何能够促进可持续性；森林在绿色经济和可持续发展中的作用；及森林部门对绿色经济的贡献。最后，巴西可持续发展对话就其将来的优先重点听取了公众意见。通过公众投票进程，公众为森林提出了如下建议：a）在 2020 年前恢复 1.5 亿公顷毁林和退化土地；b）提升科学技术、加强创新和增进传统知识以应对林业挑战；及 c）在 2020 年前实现零净毁林。

二、森林部门将采取的行动

（1）可持续森林管理和扭转毁林趋势　已经为帮助各国对某些类型森林实施可持续森林管理制定了一些准则①。森林合作伙伴关系还出版了可持续森林管理的概况介绍，解释如何将该概念引入若干其他领域。然而，却没有一个来源能为所有类型森林提供和推广可持续森林管理自愿准则。因此，峰会提议粮农组织林业部作为在所有类型森林中推广可持续森林管理的主要全球技术机构，应建立一个框架促进可持续森林管理技术的更广泛应用并支持各国在扭转毁林和森林退化趋势方面的努力。

（2）重新造林，恢复和植树造林及其他土地用途　据全球森林地貌恢复

---

①　1992 年国际热带木材组织文件——《热带森林可持续管理测量标准和指标》，国际热带木材组织政策发展系列第 3 卷。

2002 年国际热带木材组织文件——《退化及次级热带森林恢复、管理和重建大纲》，国际热带木材组织政策发展系列第 13 卷。

伙伴关系调查表明，在不影响粮食安全的情况下可以恢复约 20 亿公顷土地。防治荒漠化公约还推动实现一项世界"不造成土地退化"的目标。这些倡议要想达到目标，各国将需要大量支持。粮农组织将支持恢复退化土地、提高土壤质量和加强用水管理，并将帮助各国改进土地权属安排(如通过实施《粮农组织国家粮食安全范围内土地、渔业及森林权属负责治理自愿准则》)。粮农组织还将继续协助各国按照国家政策和粮农组织最近制定的国别规划框架实施其国家森林计划。

(3)森林产品和服务 产自可持续管理森林的木材在可持续发展和促进绿色经济方面发挥着重要作用。这种木材是储存碳和易于循环利用的天然可再生材料。木材产品制造业所导致的温室气体排放量低，并为农村地区许多人口的生计提供支持。对木材的利用也是目前可持续森林管理的最大投资收益来源。随着社会更加富裕和城市化程度更高，能源和建设需求将大幅增加。因此，各国应考虑如何促进木材利用以期为这些发展的可持续性尽可能作出最大贡献。

(4)森林还为其他部门提供不可或缺的服务 例如，集水区保护和土壤保持就是森林给农民和地方社区带来惠益的其中两项服务。需要进行跨部门政策协调以确保这些服务的价值得到森林管理员和业主及依赖这些服务的人的认可，还应该确保森林的这些重要功能得到适当支持。

(5)气候变化和提高碳储量 森林和林产品能够截获和储存碳以减缓气候变化的影响并提供生物能源替代化石燃料，还能帮助各国预防和减缓自然灾害(如恶劣天候)的影响。粮农组织及其与降排方案(UN-REDD)的伙伴关系将继续为全世界的森林资源提供监测、评估和报告。粮农组织还将与森林行业合作，特别是通过与纸张和木制品咨询委员会合作，为加大该部门对减缓和适应气候变化的贡献设计新的方法，支持为当地人民提供与森林相关的服务。

(6)贸易与治理 木材产品要在可持续发展中起重要作用，合法和可持续生产至关重要。在许多国家，加强森林治理仍然是一项主要挑战和机会，需要各级的密切关注和努力。粮农组织通过其森林执法、治理和贸易计划，将继续支持各国确保以合法、可持续的方式收获、运输和生产林产品，并在各国建立有效治理机制予以支持。粮农组织还将支持各国和区域在加大可持续森林行业投资及推广木材产品利用方面的努力，以期履行"Rio +20"对更可持续生产和消费的承诺。

(7)森林与粮食安全 森林对粮食安全的贡献在《我们希望的未来》中有所提及，粮农组织已对联合国秘书长旨在消除世界饥饿的"零饥饿挑战"作出承诺。据多种来源估计，世界约有 10 亿最穷困人口的粮食直接源自森林和农场上的树木。此外，20 亿人口依靠生物质燃料烹饪和取暖，其中大部分是薪材和木炭。树木和森林对粮食安全和营养还有更多间接的作用，主要是提供创收和生态系统服务。然而，这些作用鲜为人知，远被低估且未在许多国家的发展和粮食安全战略中得到体现。加之国家一级各部门间协调不足，意味着在关系到粮食安全的政策性决定中森林通常没有得到考虑。需要进一步探索林业、粮食安全、营养、性别平等、可持续农业和农村生计之间的关联，如果采用地貌方法尤应如此。为了加强对森林和农场树木对农村人口粮食安全和营养的重要作用的理解，为在国家和国际一级的决策中综合利用这一知识出谋划策，粮农组织将于 2013 年 5 月组织一次关于"森林促进粮食安全"的国际会议。

（8）机构与伙伴关系 "Rio + 20"峰会继续支持整合可持续发展的三大支柱，加强协调并减少各级的重复工作。峰会还建议可持续发展委员会由另一个全球政治论坛替代，环境署将在环境活动上发挥更大领导作用。上述许多活动都将需要涉及森林的机构进行跨部门合作，加强其宣传森林及林产品对可持续发展的益处的能力。因此，粮农组织和其他森林合作伙伴关系成员进一步发挥其比较优势，寻找创新方法，加强合作和支持各国开展这些活动将至关重要。

三、针对四大主题提出的政策建议

（一）将森林融入各级环境和土地利用政策中

（1）应在国内、国家和国际层面建立稳固的治理机制，在相互冲突的需求与机遇之间取得适当平衡，应对环境挑战并实施完善的自然资源治理框架。

（2）为满足对粮食、纤维和燃料的相互竞争的需求，特别需要积极主动地与主要部门就共同关注的问题开展双边对话，包括针对更协调一致的土地利用综合性政策。例如，森林生物燃料的生产和利用需要参照更广泛的能源和环境安全以及包括减贫在内的国家总体发展战略。

（3）可以通过多种形式加强部门间合作，包括就有关可能共同关注的特定主题的具体建议开展对话。由于其他部门往往不大重视考虑森林问题，所以需要采取积极主动的办法来发起对话，如协助解决其他部门的问题。

（4）在全球森林政策方面，各国同意采用"国家森林计划"作为参与性、国家自主和跨部门的森林政策综合性框架，在更广泛的发展目标中综合考虑森林问题。

（5）考虑到权属权利的缺失会加剧贫困，需要对土地权属问题方面不断升级的潜在冲突进行跨部门管理。

（6）各国应在各部门实施 2012 年 5 月粮农组织成员国通过的《土地、渔业及森林权属负责任治理自愿准则》，以减少土地利用方面的冲突，制订更为协调一致的土地利用政策。

（7）可通过多种方式在确保可持续管理的同时应对增加森林利益的挑战，以及扩大从森林和树木获益的社会团体范围。

（8）通过适当的减缓和适应措施来解决气候变化问题，或许能够增加森林和树木产生的利益，手段包括气候智能型农业和因地制宜的农林混作系统。与此同时，通过种植树木固碳来减缓气候变化，有助于人们提高恢复力，因为树木是能源、纤维和食物来源。

（9）要探寻产生森林利益的新方法，需要为相关公共和私营部门投资及创新提供有效的扶持性环境。要求调整治理框架，使其能进一步促进各级公共和私营部门以及民间社会组织的创新和合作。也要求加强森林领域公共管理部门的能力并与其新职能和作用保持一致，在实践中领导和管理或支持此类变化。

（10）要提高认识并加强与不同社会团体间的交流和对话，包括其他部门的主要决策者。森林方面良好且令人信服的交流沟通对体现森林的价值和贡献至关重要，同时需要建立更多渠道来加强森林方面的交流。

（11）包括区域林业委员会在内的区域一体化组织和对话论坛发挥了重要作用，推动了区域一级的双边和更广泛的跨部门对话，提供了国家间就战略问题交换信息和经验的场所，涉及如何既保证成本效益又加强治理机制，如何增加森林利益，以及如何确保社会各阶层认识到森林的重要性并从中有效获益。

（二）森林、树木和人在生活地貌中和谐共存纳入农村发展的关键

（1）从部门方法到更加综合的方法 应对与粮食安全、贫困、气候变化、毁林、森林退化和生物多样性的丧失等有关的挑战，需要采取综合行动，而不是顾此失彼的单一解决方案。通过改进多部门土地利用规划、管理政策和方法，对自然资源（特别是森林、树木、土壤和水）进行综合管理。此外，综合的功能性地貌管理概念要想变成现实，还需要明晰和落实财产和利用权力。

（2）恢复退化土地的潜在可能 近期估计表明，世界上有 8 亿至 20 亿公顷退化森林土地有望恢复。2011 年 9 月，在一次部长级会议上发出了"波恩挑战"，其目标是在 2020 年前恢复 1.5 亿公顷丧失的森林和退化土地。随着不同土地用途间的竞争愈演愈烈，高潜力土地日益稀缺，且随着世界人口和消费的增长，人们对食物、木材、能源和其他产品与服务的需求也相应增加，为生产目的而恢复退化土地已成为一项优先重点。经验表明恢复退化土地最好采用地貌方法。

（3）粮农组织的地貌方法 集水区管理方法得到成功运用，采用统筹兼

顾各个部门并解决当地居民社会经济关切的土地利用管理技术，恢复和保持了全世界许多集水区的农业生态活力及生产潜力。火灾管理是说明粮农组织专门知识技术领域最近从部门方法向更广泛地貌方法转变的又一个事例，在地貌方法中，对农业、林业及牧场的关切同时得到考虑，以更好地找出根源，最终防止经常跨越不同土地利用系统界限的毁灭性植被火灾。火灾综合管理方式有助于增强社区和生态系统抵御和适应植被火灾影响的能力。混农林业具有将森林和树木更有效地纳入其他农业系统的巨大潜力。混农林业系统在农场一级已成功实施，通过农林牧综合发展方法，创造了树木生产与种植业和/或畜牧系统双赢的局面。混农林业在商业和工业方面能有效提高农村生产系统中木质和非木质生产部门的总产量并实现多样化，同时带来了额外的环境收益，提高了生态系统活力和恢复力。粮农组织还将地貌方法成功地应用于林业生产，进行了天然林和人工林的管理和恢复，目的是对更广泛的地貌产生影响。粮农组织许多部门正在宣传气候智能型农业的概念和做法，即对粮食安全、气候变化适应和减缓同时做出贡献的农业、林业和渔业政策及做法。

（三）扩大可持续森林管理的财政基础

（1）森林融资目前的机遇　一是公共部门不断支持。二是公共部门也可以通过为私营部门投资去除壁垒和改善有利环境，来协助巩固可持续森林管理的财政基础。三是私营部门积极主动参与。四是提高对林产品和森林服务的回报。确保森林对国家经济做出的真正贡献得到反映，手段包括调整传统的核算体系，适当地分类和考虑森林对非正式部门做出的贡献；通过市场定价体系来提高现有森林创收系统效率，减少漏洞，加强监管和机构能力，以及私有化某些商业职能等类似措施；设立专项"森林基金"，通过自愿或法定捐款或通过市场（如森林生态系统服务或环境服务付费系统）保留税收和森林收入用于对林业进行再投资等来推动融资；在新的林产品和森林服务中促进提高附加值和实现多种经营，如生态旅游和生物勘探，或者通过开发新型创新木质产品来提高其制造业的附加值。五是国际森林融资机制不断加强。

（2）森林融资目前的挑战　一是在全球范围内，加强可持续森林管理财政基础方面的进展仍然很小，并且参差不齐。二是在利用国际金融机制和森林生态系统服务付款时，由于法规复杂、缺少标准、长期可持续性存在不确定性、价格波动以及交易成本较高而受到了限制。

（3）政策建议　粮农组织分析的案例研究强调，要想增加融资，必须加强知识和技能。这包括提高行政和交流技能，以使林业主管部门能够赢得投资者的信任，并为增加林业投资提出令人信服的理由。不同的行动者要在国家一级就森林融资的作用、功能和运作方式树立共同远景，以便开展宣传和交流活动来调动所需的政治意愿，为实现可持续森林管理采取行动，尤其是要：①获取有关森林资源及其社会贡献的及时可靠数据；②发展吸引其他部门(特别是金融部门)和主管部门高层参与所需的技能；③充分了解融资语汇、工具和过程，大力创新并因地制宜应用新型融资工具和机制；④设立适当的多方利益相关者平台和组织架构，将森林部门纳入国家规划和政策制订的主流。

(四)加强林业跨部门联系，为改进政策和良好治理奠定坚实的信息和知识基础

(1)主要挑战 一是森林部门对于森林和土地利用数据的需求越来越多样化，然而，收集、编制和分析数据及相关森林资源信息系统的能力经常不足。二是现有的森林资源信息往往没有广泛提供，因而未广为人知，或未充分应用于政策性决定中。常见的一个问题是缺少森林信息系统，便于人们获取易于理解的数据，满足利益相关者不同利益和信息需要。三是除了森林的生物物理数据之外，大多数政策性决定还需要与社会经济、治理及一般土地利用有关的信息。

(2)政策建议 一是为改进政策和良好治理奠定合理信息和知识基础，必须与战略政策目标保持严格一致，同时考虑到森林部门政策，包括国家森林计划、更广泛的国家发展政策(国家发展目标、经济发展战略、扶贫战略)，并能够履行对国际报告制度的承诺。二是粮农组织已与全世界所有区域的50多个国家携手为建立国家森林信息系统，建设相关能力提供支持。粮农组织已为20多个国家的国家森林监测和评估提供了直接支持，并为许多国家加强其关于森林火灾和病虫害信息系统提供了支持。三是在衡量林业的社会经济方面，包括在生计、农村发展、就业和性别问题方面，可获得的指导越来越多。需要与收集这些数据的其他机构改进协调和加强合作。四是生成关于森林治理质量的信息日益重要，在森林执法、治理和贸易以及减少毁林和森林退化所致排放量方案(REDD +)的背景下尤其如此。五是根据2010年林委提出的一项要求，粮农组织和世界银行森林计划联合制定了森林治理评估及监测框架①，该框架以现有标准和指标进程、森林资源评估指标和举措为基础，为良好森林治理制定指标。六是迫切需要高层政治承诺来开展定期监测，建立信息系统，使广泛用户免费获得所收集的数据，更加积极主动地推动和促进对不同利益相关者所收集的数据集的利用。七是不同国家机构和组织间的合作也可提高满足国际报告要求的能力。此外，加强区域一级的合作、数据和知识交换，可大大提高森林信息系统的质量及其对政策制定的实用性。

------

① 粮食及农业组织，世界银行. 2011 年. 森林治理评估及监测框架. 罗马。

四、各大洲林业委员会近期林业重点概览

区域	粮农组织工作计划的优先重点	优先重点的工作目标	类别
欧洲林业委员会	阐明、加强和宣传森林和森林部门对走可持续发展绿色道路做出的贡献	全面的绿色经济方针	森林和可持续发展
	执行林委通过的全球森林资源评估长期战略	全球森林资源评估计划满足政府间日益增长的森林信息需求	信息和分析
	继续并加强有关森林部门前景研究的计划	为森林部门制订政策和战略提供坚实基础	
	建立区域气候变化适应平台，促进科学政策衔接和学习。提高对林产品在减缓气候变化方面起到作用的理解	促进气候变化方面的科学政策联系；协助在气候变化减缓和适应政策及行动中更好地综合考虑森林部门	气候变化和 REDD 方案
	支持并建设森林执法和改善治理方面的能力	更多关注国家森林计划中森林执法、治理及贸易措施	森林执法和治理
北美林业委员会	协助强调农业和林业之间的积极互动，以及森林部门在开发生物产品和生物材料以实现绿色经济方面发挥显著作用的潜力		森林和可持续发展
	引起人们对森林的注意和认识，建议粮农组织目前在关注粮食安全和生计时不应忽视森林		
	利用跨部门合作和地貌一级方针，加强森林治理以应对林业的多重挑战		
	继续关注林火管理		林火与健康
	支持并建设森林执法和改善治理方面的能力	更多关注国家森林计划中森林执法、治理及贸易措施	森林执法和治理
	引起人们对森林的注意和认识，建议粮农组织目前在关注粮食安全和生计时不应忽视森林		宣传交流
亚太林业委员会	阐明、加强和宣传森林和森林部门对走可持续发展绿色道路做出的贡献	协助成员国制定和执行相关政策和计划	森林和可持续发展
	更关注林业的监测、报告和核实工作	（i）重新审视森林相关定义的潜在需求。（ii）衡量森林退化和森林以外树木的方法。（iii）制定自愿准则和其他支持，以便开展森林清查和评估，并特别侧重 REDD + 方案的报告需求。（iv）制定能够更好诠释主要林业统计资料的全球森林资源评估报告方法。（v）支持加强向 2015 年全球森林资源评估报告的能力。	信息和分析
	公布林业信息以减缓自然灾害（洪灾、旋风/台风和涨潮、滑坡、海啸和野火）	通过加强森林规划和管理来减小自然灾害的发生率和严重性	气候变化和 REDD 方案

续表

区域	粮农组织工作计划的优先重点	优先重点的工作目标	类别
亚太林业委员会	支持开展"REDD + 就绪"和适应气候变化活动	支持各国交流气候变化适应方面的经验，便于进一步改进国家气候变化适应战略；以及协助各国就适应气候变化制定国家行动计划	气候变化和 REDD 方案

（资料来源：FAO 林委会中文网 2012 年森林周有关成果文件，2012 - 10 - 17）

欧盟理事会就里约 20 周年峰会提出
"制定全球排放峰值及减排时间框架"等结论文件

欧盟理事会（EU Council）于 2012 年 3 月 9 日在布鲁塞尔形成一份关于里约 20 周年峰会的结论（Conclusions）文件，其中提出了 35 条结论，现摘译部分内容如下：①呼吁更有效地利用现有资源，以及动员可用的金融资源并识别创新的金融资源的来源。鉴于目前的经济形势，强调基金动员任务的分担必须按照与全球经济复苏目标一致的原则进行分配，并进一步强调国际金融机构和全球环境基金在可持续发展融资、建议和能力建设方面的重要作用；②强调实施可持续发展的政策和行动的资金应来自各种来源，包括公共和私营部门；③国内生产总值（GDP）仅反映生产方面，不能反映环境可持续性、自然和人力资本利用、资源利用效率和社会包容性；强调在必要时并充分商定的基础上，补充国内生产总值核算内容，使其更准确地反映财富、福利和福祉的环境、经济和社会方面内在联系的指标；④提请注意：对自然资源的需求不断增加，使得资源利用不能适应经济增长步伐的需要，也不能适应作为（推动实现）可持续全球绿色经济的关键要素之一——创新的需要；强调推进生物多样性和生态系统服务价值评估的重要性，并强调应把评估结果纳入政策、决策和经济发展进程中；⑤认识到气候变化、生物多样性丧失和土地退化以及水资源匮乏严重威胁到人类社会、生态系统和和平与稳定；欢迎德班气候谈判大会取得的成果；这些成果急需通过制定一份关于全球排放峰值和减排目标时间框架决议，跟踪推动实现把全球升温控制在 2℃ 以内的目标；承认名古屋会议关于生物多样性的成果包括商定的生物多样性 2011 ~ 2020 年战略计划及其有关目标，生物多样性获取和惠益分享议定书的成果；承认昌原会议关于荒漠化问题的成果，这次会议对荒漠化提供了一个全球性的政策和监测框架，并促进土地资源保障的伙伴关系。

（摘译自：EU Council Conclusions on Rio + 20：Pathways to a Sustainable Future）

欧盟向里约 20 周年峰会提出森林立场七条建议

欧盟七条建议包括：

一是强调毁林和森林退化带来的环境和社会危害是不可逆转的。如水文条件的长期破坏、荒漠化、生物多样性丧失、气候变化、农村贫困等，治理的成本远远超出恢复森林的预期支出。因此，我方认为，里约 20 周年峰会应把建立全球参与治理森林的框架作为一个目标，以确保公平和公正分享森林可持续利用的惠益。

二是强调需要通过关闭非法采伐或不可持续采伐的木材贸易市场，促进森林可持续管理。要实现这个目标，必须强调加强各国政府、地方社区、土著团体、民间社会和私营部门的伙伴关系。

三是强调实现名古屋承诺，到 2020 年努力促使自然生境的丧失速率降低一半以上乃至于零，对森林的保护也力争实现这个目标。

四是始终相信，《公约》框架下的 REDD + 政策工具设计应确保尊重实现全面的森林保护目标，因此应逐步建立特殊的基础设施（如应该建立卫星和实地观测系统，监测森林保护区的碳汇变化情况），还要尊重人权和努力实现生物多样性公约的有关规定；呼吁更为透明的森林治理资金分配办法和健全的监测办法；REDD + 机制的设计应确保实现生物多样性保护利益，且生态系统不仅仅限于提供减缓气候变化方面的核心服务功能；机制设计还要充分尊重依赖森林存活人群（特别是土著居民和当地社区）的权利，并提高他们的生计水平。

五是对巴西参议院通过新的《森林法》表示关切，这可能加剧巴西亚马孙森林砍伐，从而阻碍国际减缓气候变化的努力。

六是敦促会议主办国巴西做出明确承诺，以保护亚马孙森林并遏制对追求环保的民间社会代表的刑事骚扰。

七是呼吁欧盟委员会及时完成为里约 20 周年会议开展的专项研究，评估欧盟食品和非食品类产品消费对森林砍伐的影响，同时也评估欧盟现有的政策和立法对毁林的影响，提出新的政策措施，以解决所认定的问题。

（摘译自：European Parliament resolution of 29 September 2011 on developing a common EU position ahead of the United Nations Conference on Sustainable Development（Rio+20））

欧洲环境联盟就里约 20 周年峰会零草案文件提出增加"生态系统服务付费"等建议

2012 年 2 月 27 日，欧洲最大的环境公民组织联盟"欧洲环境联盟"（EEB）就零草案文件提出修改建议，其中就"森林和生物多样性"部分，该组织认为应把森林和生物多样性分开，作为两个单独的部分。其中生物多样性部分要按照 2010 年《名古屋协议》订立的目标，适当增加部分内容在零草案文件里。森林部分，应增加内容把停止毁林的目标具体陈述清楚。除此之外，该部分还应增加一条建议，即：我们呼吁建立相关的生态系统服务付费或生态系统服务补偿核算系统，以维持和增强生态系统服务和基本的自然资本的可获性。

此外，针对向发展中国家发展绿色经济提供资金、技术等支持的第 42 条，该组织就零草案文件提出的 7 条建议中的第二条，建议修改为：启动一项开发、实施和促进创新性金融工具为构建绿色经济所起（重要）作用的国际进程，这些工具如重新调整化石燃料补贴、碳税和碳信用拍卖的使用方向。修改后英文为（下划线并加黑部分为增加内容）：To launch an international process to develop, implement and promote the role of innovative instruments of finance, **such as redirecting fossil fuel subsidies, carbon tax, auction of carbon credits,** for building green economies。

（摘译自：COMMENTS ON SECTIONS III TO V OF THE 'ZERO DRAFT' FOR RIO+20 Submitted by the European Environmental Bureau on 27 February 2012）

美国向里约 20 周年峰会提交
关于森林和生态系统管理的观点

近期，美国向联合国就里约 20 周年峰会的提议中，在"食物安全和可持续农业"部分关于森林提出了两个建议：一是为了应对 2050 年世界人口达到 90 亿，食物供给需增长 70% 的压力，既要加强现有农地的集约生产，又要把食物安全保障领域扩展到森林和草地，加强这两个领域的集约生产；二是支持国家主导、多方利益者参与，通过开展相关倡议如美国奥巴马政府的"未来粮食保障行动计划"（Feed the Future）和"减少发展中国家毁林和森林退化所致的排放"（REDD），切实促进农村发展、综合性生态系统规划（Integrated Ecosystem Planning）以及可持续农业集约发展。

在"生态系统服务和自然资源管理"部分，美国认为，地球上的自然生态系统和生物多样性是经济增长和人类福祉的关键资产。生态系统服务，例如淡水、水土保持、海岸保护和碳汇，为经济可持续增长和减贫提供了必要的自然基础设施，是可持续经济增长和减贫的关键，并成为许多世界上最脆弱人群的"安全网"。目前，保持生态系统可持续地提供经济、社会和文化方面的服务，面临两个挑战：一是制定和实施基于生态系统的管理和规划方法；二是市场和政府政策，如何充分认识到生物多样性和生态系统的价值。尽管目前尚未有超越 GDP 的自然资源计量办法，但美国已就如何计量、监测和评估消耗自然资本的市场外部性价值迈出了一些重要的步伐，建议里约 20 周年会议应优先考虑所有国家监测和评估自己环境价值的能力，把经济和环境信息融入社会发展决策过程中。

（资料来源：http：//www. state. gov/e/oes/sus/releases/176863. htm）

澳大利亚向里约 20 周年峰会提出
加强生物多样性保护和荒漠化防治

关于生物多样性保护，澳大利亚认为峰会成果要体现如下三方面内容：一是重申生物多样性保护在当前气候变化影响背景下的重要性，突出景观尺度管理的重要性，强调利用市场机制，加强生物生境连通（特别是通过生态走廊建设），构建生态系统弹性；二是应认识到政府间生物多样性和生态系统科学政策平台有利于推进（推动实现政策议程的）监测和研究项目；三是承认以土著居民和当地社区为基础，利用当地网络保护和可持续利用生物多样性的管理模式的价值所在，并倡导通过该模式建立获得生物多样性保护实用技能的机会。

关于防治荒漠化，澳大利亚认为峰会成果要体现如下两方面内容：一是鼓励公约秘书处、各缔约方和供资机构协调活动，共同促进向里约公约目标迈进；二是再一次澄清里约公约对于处理国际环境治理背景下的土壤和土地退化问题具有十分重要的作用。

（摘译自 Australia's Submission to the Rio +20 Compilation Document）

英国三部委提出绿色经济远景构想和支持政策框架

2012 年 1 月 18 日，英国环境、食品及农村事务部（DEFRA），能源和气候变化部（DECC）和商业、创新与技术部（BIS）共同向英国议会提交了关于绿色经济的文件，其中分析了对绿色经济的远景构想，并提出了转型到绿色经济的政策支持框架。

关于绿色经济的远景设想包括四个方面的内容：一是长期的可持续增长。在经济增长和财富生产目标实现的同时，排放和其他负面环境影响不断减少。二是更为有效地利用自然资源。能源和资源的有效管理和措施，将普遍使用在整个社会经济部门中，如家庭、政府部门、企业等。依靠原料投入的生产部门的生产过程将得到极大优化。垃圾填埋场的生产水平将极大改善，一方面通过提高生产性资源的利用效率，另一方面逐步实现再回收、再利用和再制造闭环生产状态（Closed Loop Production）。新工艺和新产品不断被需求，创造了新的市场和就业机会。三是经济更加富有弹性或应变力。将减少对化石燃料的依赖，同时保持能源、食品和其他自然资源的供给安全。经济将更为富有弹性，并时刻做好准备应对资源更为短缺，以及气候变化和环境风险（如洪水和热浪）的挑战。四是捕捉并利用绿色经济的比较优势。英国企业将很好地利用不断扩大的绿色市场优势，占领更多的环保产品和服务市场。

支持政策框架包括九个方面内容：一是加强财政政策。提出要提高环境税在政府税收中的占比，以减少破坏环境的行为，加强环境友好产品研发，激励以及提高能源效率。二是加强政府规制。三是加强金融政策。四是推进市场化改革。五是推动国际反应和国际合作。六是促进民间自愿协议。七是研发各类市场的工具。八是促进公共部门采购绿色转型。九是加强绿色经济信息和咨询系统建设。

（www. publications. parliament. uk／，2012 年 1 月 8 日）

世界自然保护联盟向里约 20 周年峰会绿色经济议题提出立场

近期，世界自然保护联盟（IUCN）在向里约 20 周年峰会绿色经济议题提出基本立场观点，分为两大部分，第一部分是建议把绿色经济转型构建在坚实的自然基础之上（Transitioning to a Green Economy：Building on Nature）。其中提出三条建议，一是要打造以自然为本的解决方法（Nature-based Solutions），推动全球经济更加平衡（a More Balanced Global Economy）。推动全国领域适当合理的改革，促进经济规划、生态系统价值核算、金融、基础设施的发展，以消除贫困，维持生态系统，实现可持续发展。培育有利于企业绿色创新的有利环境条件（Enabling Conditions）。充分利用以自然为本的解决方法应对气候变化、生物多样性丧失、资源能源短缺等多重危机，认识到投资在以自然为本的解决方法方面，能提高经济应变能力、公平性和整体可持续性。二是认识到经济应变能力、公平性和自然资本是转型到绿色经济的三个根本支柱。三是要把自然置于向绿色经济转型的核心地位。政府和企业探讨如何维护确保社会可持续繁荣的生态支撑系统时，要始终认识到自然是核心。世界自然保护联盟致力于支持以自然为本的解决方法的开发和部署。

第二部分是建议从两个领域着力推动以自然为本的解决方法，逐步实现绿色经济（Nature-based Solutions to Greening the Economy）。

（1）第一个领域，把环境的价值纳入主流的经济核算体系中。世界自然保护联盟认为，GDP 不足以全面反映人类福利价值。根据 2010 年第十次生物多样性公约缔约方大会提出的战略计划目标 2，即到 2020 年，将生物多样性的价值纳入国家和地方发展和减贫战略的规划进程，并开始酌情纳入国家账户及报告制度。世界自然保护联盟相信，实现这一目标，国家将向转型到绿色经济迈出了一大步。同时全球生态系统服务财富核算和价值评估（Wealth Accounting and Valuation of Ecosystem Services）的合作伙伴将为进一步核算环境方面的经济价值奠定良好基础。世界自然保护联盟指出："根据 2010 年第十次生物多样性公约缔约方大会提出的战略计划目标 3，即到 2020 年，消除、淘汰或改革危害生物多样性的奖励措施，包括补贴，以尽量减少或避免消极影响，也是非常重要的"。因此，就该领域，提出两条建议：①敦促各国政府采取具体措施，以履行其实施 2011～2020 年生物多样性战略计划的承诺，这是转型到绿色经济的关键目标之一；②敦促各国政府重新审视自己的经济指标，以确定那些可以更加贴切和严格地反映人类福祉的状态，并确保生物多样性和生态系统服务的全部价值，反映在国民经济核算和相关的财政政策和规划政策中。

（2）第二个领域，加大对生态系统服务的投资。具体提出四条建议：①敦促各国政府加强对自然基础设施和生态恢复领域的投资，并要通过生态系统服务价值评估市场的开发创造工作机会；②敦促各国政府实现 2010 年第十次生物多样性公约缔约方大会提出的战略计划目标；③敦促各国政府采取和实施《兵库行动框架》①中期评估提出的建议，特别是确保国家发展战略不会增加暴露于各种风险威胁的机会，利用灾后重建和恢复的催化剂变革机遇，促进开发适应和减缓气候变化、减少灾害风险、生态系统管理和恢复的综合办法；④大力鼓励各国政府制定适当的经济工具、激励和政策，如生态系统服务付费，以充分考虑生态系统和水、食品、能源安全对于生计和可持续发展的利益。

（摘译自 IUCN's Position on Green Economy for the Rio + 20 Conference）

---

① 关于《兵库行动框架》(*Hyogo Framework for Action*) 的说明：为推动各国采取措施减轻自然灾害的影响，联合国自 20 世纪 80 年代起即开始进行一系列激励性制度建设。2005 年，世界 168 个国家在日本兵库县神户市通过《兵库行动框架》，确定了 2005～2015 年的世界减灾战略目标和行动重点，为世界范围内的防灾减灾活动提供了指引。在联合国的促进下，各国逐渐将防灾减灾任务纳入国家发展的战略目标体系、进行相关的立法和组织建设，由预测预警、灾害准备与应急响应、灾后恢复与重建等战略计划构成，建立了包括机制设计、资金保障与技术支持等多层次内容的防灾减灾体系。

世界自然保护联盟就里约 20 周年峰会零草案文件提出"森林在实现绿色经济中的基础地位"等观点

2012 年 2 月 27 日，世界自然保护联盟（IUCN）就 2012 年 1 月联合国可持续发展委员会（UNCSD）公布的零草案文件（Zero Draft）①发表评论，认为该文件提供了很好的讨论基础，但是在某些重要的关键点上还需要细化处理。如文件没有参考 1992 年通过的里约三公约和森林原则（Forest Principles）的主要成果。认为这一遗漏错过了一次良机，即评估里约三公约和森林原则的演变以及执行情况和所面临的挑战。

针对该文件对"森林和生物多样性"的认识，世界自然保护联盟提出如下观点：

一是关于森林，该组织认为考虑到森林在实现绿色经济中的基础地位，零草案文件应把森林问题摆在更加突出的位置。文件中引用作为全球性挑战的大多数问题，都与森林紧密相关，如气候变化、缓解贫困、土壤和水保护、生物多样性、绿色经济、可再生能源和粮食安全。该组织呼吁加强森林合作伙伴关系（CPF）②；认为实施 2007 年通过的《面向所有类型森林的不具法律约束力的文书》，既十分紧迫也十分必要，并欢迎零草案文件将其列入。此外，第 90 段应包括森林生态系统以外的林木。为支持保护生态系统，一些国家政府已承诺，到 2020 年恢复和保护至少 15% 已退化的生态系统，这一目标

---

① 零草案文件是联合国参考各国以及国际组织等机构就今年 6 月举行的联合国可持续发展大会的意见形成的综合性谈判基础文本，未来将以该文件为基础进行一系列讨论，各国将在大会结束时签署该文件。该文件的标题为"我们希望的未来"（The Future We Want），内容包括五大部分：Ⅰ. 序言；Ⅱ. 更新政治承诺；Ⅲ. 发展符合可持续发展与消除贫穷内涵的绿色经济；Ⅳ. 可持续发展的组织架构；Ⅴ. 行动及其贯彻框架。"零草案"参考各个国家、指定的主要团体、民间团体以及非政府组织的 600 多个官方意见综合而成，其内涵为呼吁支持向发展中国家的科学研究和技术转移，加强全球环境治理，以及建立可持续发展目标，作为补充并且在 2015 年取代千禧年发展目标（MDGs）。

② 森林合作伙伴关系是 14 个具有重大森林方案的国际组织、机构和秘书处之间作出的一项非正式、自愿安排。森林合作伙伴关系成员包括：国际林业研究中心、联合国粮食及农业组织、国际热带木材组织、国际林业研究组织联合会、全球环境基金秘书处、《生物多样性公约》秘书处、《联合国防治荒漠化公约》秘书处、《联合国气候变化框架公约》秘书处、联合国森林论坛秘书处、联合国开发计划署、联合国环境规划署、世界复合农林业中心、世界银行和世界保护联盟。

包括森林在内。

二是关于生物多样性,该组织认为里约20周年峰会不应排除对1992年里约会议的成果进行评估。各国政府在《生物多样性公约》指导下采纳2010年通过的爱知生物多样性目标20项标题目标,是最近取得的成功进展,这应被承认和强调。还应当指出,对这些目标的接受,是环境谈判和可持续发展的一项重要成绩。这20个目标直接关系到生物多样性和生态系统服务之间的联系。20个目标形成绿色经济基石,其内涵超出零草案文本所涉内容,比如它包含了"到2020年,消除、淘汰或改革危害生物多样性的补贴"(即爱知目标3)。通过并接受这20个目标以及把2011~2020年定位为联合国生物多样性十年,是1992年以来一连串事件中比较成功的事例,应该无可争议地得到承认。因此,这些目标应该是今年里约峰会决议中的一部分。

针对"优先考虑的问题/主题/领域",该组织认为零草案文件应该对自然与这些主题和领域之间的联系给予更为清晰和有力的描述。这些主题和领域包括:①生物多样性和生态系统服务紧密关联,二者共同形成了粮食生产一个不可缺少的源泉。为确保充足的粮食供给,各国政府必须促进制定政策,以确保对生态系统保护和增强(活动)的适度水平投资;②自然帮助存储、移动、清洁和缓冲水流,降低了旱灾和水灾严重性。这种水供给和生态系统服务之间的联系应更加清晰地表述出来,便于政府制定政策处理有关最有效水供给和无障碍获水的问题;③就能源而言,针对一些具体问题提出建议,如承诺全球范围保证对最低能源需求(Minimum Energy Needs)的无障碍获取,承诺到2030年把能源效率和可再生能源使用份额都翻倍。需要提供实现这些目标所需的额外的信息。在许多发展中国家,国内能源利用的很大一个份额是从生态系统获取的生物质能源。因此,对这些社区,可持续自然资源管理能助于保障能源安全;④对自然投资增加了人类和自然系统抗御自然灾害的应变力;⑤自然减缓和适应气候变化的作用应该被强调;除了减少化石燃料利用导致的碳排放,还要采取行动保护和恢复最为自然碳循环一部分的生态系统;理解自然和气候变化之间的相互作用利于制定有力的政策并作出有力承诺;气候变化和其他问题之间产生的联系受到欢迎,因为这些联系对于决策非常必需。

此外,该组织还针对发展符合可持续发展与消除贫穷内涵的绿色经济、可持续发展制度框架、构建和强化问责机制等进行了评论。

(摘译自:The present text is a commentary on the zero draft outcome document. It is a "living document", based on IUCN's position on the Rio + 20 issues.)

经合组织环境部长会议力推"让绿色增长得以实现"并向里约 20 周年峰会提出政策声明

经合组织(经济合作与发展组织)环境部长会议于 3 月 29~30 日在巴黎举行，会议主题是"让绿色增长得以实现"(Making Green Growth Deliver)，聚焦于 5 个主题：我们有什么环境改善，以及未来需要什么；将环境政策与科学相结合；环境展望 2050——迫切呼唤绿色增长政策；将经合组织价值融入"里约 + 20"峰会；多层次治理和城市的作用。会议评审了在 2001 年通过的"经合组织 21 世纪第一个 10 年环境战略"的执行报告，讨论了"经合组织环境展望 2050 年：不采取行动的后果"，明确今后的优先行动领域，以有力地推动 OECD 各成员采取绿色增长政策。在此基础上，会议通过了一项政策声明，并提交给"里约 + 20 联合国可持续发展会议"。

可持续发展区域政府网络就里约 20 周年峰会零草案文件提出增加"次国家行动"等修改建议

可持续发展区域政府网络(nrg4SD)成立于 2002 年在约翰内斯堡举行的世界首脑峰会，是一个非营利性国际组织，代表全球一级的地方政府和地方政府协会。目前该机构共有来自 30 个国家的地方政府代表组成。近期，该组织就里约 20 周年峰会零草案文件提出修改建议。

针对第五章"行动及其贯彻框架"中"森林和生物多样性"小节第 91 段提出一条修改建议。它指出原文中"我们支持把生物多样性和生态系统服务(价值)作为国际、区域和国家层面的政策和决策过程的主旋律……"(英文原文为：We support mainstreaming of biodiversity and ecosystem services in policies and decision-making processes at international, regional and national levels……)，应修改为"我们支持把生物多样性和生态系统服务(价值)作为国际、区域、国家和省级(或州级)层面的政策和决策过程的主旋律……"(修改后英文为：We support mainstreaming of biodiversity and ecosystem services in policies and decision – making processes at international, regional, national and **subnational** levels ……)。修改理由是 2010 年的《生物多样性公约》第 10 次缔约方大会采纳了"省级政府、城市及其他当局与生物多样性的行动计划"(Plan of Action of **Subnationa**l Governments, Cities and Other Local Authorities)。

针对第三章"发展符合可持续发展与消除贫穷内涵的绿色经济"中的第 26 段，该组织认为应增加"承认生物多样性和生态系统服务的利益"，即应修改为"我们承认符合可持续发展和消除贫困为内涵的绿色经济应当保护和增强自然资源基础(承认生物多样性和生态系统服务的利益)、提高资源效率……"。修改后英文示例为(下划线部分为增加内容)：We acknowledge that a green economy in the context of sustainable development and poverty eradication should protect and enhance the natural resource base – **recognising the benefits of biodiversity and ecosystem services** — increase resource efficiency, promote responsible consumption and sustainable production patterns, and move the world toward low – carbon development.

此外，该组织认为第 42 段应在原有 7 条建议的基础上再增加一条，即"为执行可持续发展计划，应开发易于省级及其以下地方政府获得的国际和国家层面的金融支持机制"。建议增加的英文原文为：To develop international and national financial mechanisms accessible to subnational and local governments to implement sustainable development's programs.

（摘译自：nrg4SD suggested amendments and comments on the Zero Draft of "The Future We Want"）

妇女主要群体组织就里约 20 周年峰会零草案文件提出删除或造成妇女、原住民和当地社区不利影响的表述

2012 年 2 月 24 日，联合国可持续发展委员会所属的妇女主要群体(Women's Major Group)就零草案文件第 3 ~5 章提出修改意见，其中针对"森林和生物多样性"部分提出如下修改建议。

针对第 90 段，该组织建议删除"不具法律约束力的文书(NLBI)"、"恢复

（restoration）"等四处文字，理由是目前存在对不可持续的企业实践活动的激励，这些激励可能产生对妇女、原住民和当地社区的负面影响。英文修改示例为：We support ~~policy~~ frameworks and ~~market~~ instruments that effectively slow, halt and reverse deforestation and forest degradation and promote the sustainable use and management of forests, as well as their conservation ~~and restoration. We call for the urgent implementation of the "Non-Legally Binding Instrument on all Types of Forests (NLBI)"~~。

针对第 91 段，该组织建议分为两个小段，一段中把《名古屋协议》独立出来作为单独的一小段，并且在该段要增加内容，修改为"我们欢迎在《生物多样性公约》第 10 次缔约方大会上被通过的、正在把平等和公平纳入（生物多样性）可持续利用和保护问题中的《名古屋协议》"；另一段中要删除"自然资本（natural capital）"增加"阻抑激励（perverse incentives）"。英文修改示例为：

○ 91. We support mainstreaming of biodiversity and ecosystem services in policies and decision – making processes at international, regional and national levels, and encourage ~~investments in natural capital through~~ appropriate incentives policies, which support a sustainable and equitable use of biological diversity and ecosystems, ~~and stop perverse incentives.~~

○ 91. We welcome the Nagoya Protocol adopted at the tenth meeting of the Conference of the Parties to the Convention on Biodiversity, ~~integrating equity and fairness into sustainable use and conservation issues.~~

（摘译自：Women proposals for the Zero Draft Rio + 20 Proposed improvements of Chapters Ⅲ—Ⅳ）

全球见证组织针对里约 20 周年峰会零草案文件建议制定有法律约束力文件保护全球天然林生态体系

2012 年 2 月 23 日，总部设在英国的非政府组织全球见证（Global Witness）就零草案文件（Zero Draft）发表观点，认为该文件对森林的重视程度不够，需要加强。具体意见和建议摘译如下：

零草案文件没有充分认识并处理由世界天然林生态系统迅速流失造成的威胁的紧迫性。如果不解决这一关键问题，将会危及到里约20周年地球峰会会议确定的可持续发展目标的实现。正如《联合国气候变化框架公约》、《联合国生物多样性公约》、《21世纪议程》以及其他的多方进程和国际组织所认识到的，天然林生态系统对世界上最脆弱的10多亿人的生计提供切身利害关系的支持，这其中有6000多万原住民的文化和生计都依赖森林（世界银行，2004），同时森林还提供了地区级、区域级和全球层面的生态服务（《千年生态系统评估》，2005）。健康森林对于保持水循环、防止土壤侵蚀和洪涝灾害、减少航道淤积以及容纳并保护大多数世界上陆地动物和植物物种具有重要作用。此外，目前已经广泛达成共识，如果不减少源自毁林和森林退化导致的碳排放，要避免气候变化灾害性和不可逆转的影响，是相当困难的甚至是不可能的。然而，从1992年的第一次里约地球峰会会议以来，发展中国家的毁林和森林退化很少出现放缓迹象。在过去10年，每年约有13万平方公里的森林消失。

考虑到上述情况，仅仅把2012年里约20周年峰会对森林的讨论和处理局限于执行不具法律约束力的文书（NLBI）的范围内，显然是不够的。过去20年，自愿手段对于减少森林退化和森林生态系统损失，尤其对减少热带地区的毁林，效果不佳。而且促进森林可持续经营的自愿标准和程序，难以阻止在世界保存完好的原始森林地区不可持续的、产业规模型的木材采伐扩张活动。这种采伐活动导致了广泛的森林生态系统退化现象，也损害了依赖森林存活人群的生计以及原住民和当地社区的权利。相比而言，最近越来越多地的研究和经验证明，原住民和当地社区往往比其他管理选项提供了更好的森林管理效果，本地控制（Locally-controlled）的森林管理具有"减少依赖森林的贫困人口"的更大潜力。

全球见证强烈敦促政府作出具有约束力和有时限的承诺，阻止森林生态系统的退化和损失，增加由原住民和当地社区可持续管理的森林面积。该目标应作为优先建议的可持续发展目标之一，而且原住民和当地社区对林地和森林资源的权利必须在零草案文件中得到明白无误的承认。最后，在实现可持续生产和消费的承诺（文本）中，必须解决国际消费模式对森林生态系统退化和损失的负面影响。尤其是消费国必须作出有约束力的承诺，采取措施结束使用非法或不可持续的林产品。

（摘译自：Global Witness Comments on Rio+20 Zero Draft）

联合国欧洲经济委员会和联合国粮农组织共同制定《绿色经济中的林业部门行动计划》

去年 10 月，联合国欧洲经济委员会和联合国粮农组织共同制定了名为《绿色经济中的林业部门行动计划》的文件，其中提出五大行动。一是可持续的林产品生产和消费，具体包括 7 个行动领域：①森林可持续经营的认证、标签和其他标准；②鼓励（源自可持续经营森林产品的）公共和私营部门绿色采购；③（为确保本地区可持续经营的木材足以供应本地区所需的原料和能源的社会需求）开展木材（资源）调动（wood mobilisation）和增强有潜力的可持续的木材供给；④森林经营和林产品生产和利用创新；⑤生命周期评估；⑥绿色建筑的政策和标准；⑦（保证仅仅来自可持续经营森林且合法采伐的）林产品被贸易。二是低碳林业部门，具体包括 4 个行动领域：①非可再生原料和能源（用木材）替代；②木材高效生产和利用：消除从森林到消费者过程中产生的浪费；③森林适应气候变化（提高林业部门的适应能力并管理气候变化风险）；④增强（森林生态系统和已采伐林产品）碳汇和碳储存。三是林业部门体面的绿色就业机会，具体包括 4 个行动领域：①培养胜任复杂的森林经营工作的熟练工；②林业部门劳动力的安全保障和健康保障；③（审查评估用于采伐和营造林工作的方法，决定是否需要改进以确保欧盟区域内都采用最优做法的）林业部门（较优的工作）操作办法；④（评估）绿色经济对（林业部门的）社会、经济的影响。四是森林生态系统服务价值评估和付费，具体包括 3 个行动领域：①森林生态系统服务价值评估；②森林生态系统服务付费：从理论到实践；③森林和人类健康。五是林业部门的监测和治理，具体包括 5 个行动领域：①实施和改进森林可持续经营标准和指标；②森林可持续经营区域评价；③评估林业部门政策工具推动绿色经济的适宜性、有效性，构建制度框架；④森林可持续经营和绿色经济的沟通和促进；④沟通/宣传其他部门（推动绿色经济）的有效经验。

（摘译自：Action Plan for the Forest Sector in a Green Economy）

绿色经济：林业发展新视野

"里约+20"峰会聚焦两个主题：一是可持续发展和消除贫困背景下的绿色经济，二是可持续发展的体制框架。大会形成了主要成果文件《我们希望的未来》(The Future We Want)，反映了绿色经济发展的新趋势，为研究林业发展提供了新视野。以下对有关主要文献和研究进行整理分析，探究新绿色经济对林业发展的理论创新和政策调整的启示。

一、"里约+20"峰会：可持续发展40年探索

从1962年莱切尔·卡尔逊《寂静的春天》的问世开始，全球可持续发展的探索可分为3个阶段。当中，林业国际共识不断加深，林业多功能价值尤其是生态功能价值不断展现，林业发挥的影响和作用日益显著。

(1)1960~1980年　标志性的事件是1972年斯德哥尔摩联合国人类环境会议，反思追求无限增长的发展模式，提出环境保护应该成为发展的重要方面，强调从末端治理的角度消除经济增长的负面环境影响。理论思考以《寂静的春天》和《只有一个地球》等为代表。

(2)1980~2000年　标志性的事件是1992年里约联合国环境与发展会议，确立了可持续发展战略，强调经济、社会、环境等三方面总和意义的非减发展，认为经济增长成果若能充抵生态退化代价，发展仍然是可持续的。同时，从末端治理进入生产过程，强调提高资源利用效率促进经济增长绿色改进。会议通过《里约环境与发展宣言》、《21世纪议程》、《关于森林问题的原则声明》、《气候变化框架公约》和《生物多样性公约》等文件，各国前所未有地重视林业问题。理论思考以《我们共同的未来》和《倍数4》等为代表。这是属于弱可持续发展的阶段。

(3)2000年至今　标志性的事件是2012年的"里约+20"联合国可持续发展大会，在呼吁经济范式变革的意义上提出了绿色经济新理念，要求人类经济社会发展必须尊重"地球边界"和自然极限，强调同时实现经济增长和自然资本存量扩增，要求承认并投资于自然资本，将投资从传统的消耗自然资本转向维护和扩展自然资本，要求通过教育、学习等方式积累和提高有利于绿色经济的人力资本。在绿色经济发展中，林业国际共识空前深化，认为是绿色经济的基础，尤其是在应对气候变化的背景下，国际谈判中林业议题不断取得突破，林业CDM机制和REDD+机制为建立生态服务付费和绿色经济融

资打下了基础。理论思考以《我们希望的未来》、《全球绿色新政》和《迈向绿色经济》等为代表。

二、当前可持续发展和绿色经济的主要思潮

当前，在可持续发展和绿色经济探索中，涌现了不少理论流派和各种思潮，众说纷纭，异彩纷呈。究竟哪些更具有真理性，有待今后实践的检验。目前，比较系统且影响较大的主要有"非经济性增长"、"地球边界"以及"人类安全和公平发展空间"理论（即"多纳圈"理论）：

（1）"非经济增长"理论   从生态与经济相互关系看，增长必然受限制，增长必须有限制。第一，客观上，增长必然受限制。经济增长进入了自然资源日益稀缺和价格不断攀升的新阶段。现在，世界经济规模已在1950年基础上翻了两番，经济增长消耗的自然资源超过地球生态系统的供给，导致气候变化、自然污染和环境破坏。人类的"生态足迹"，即人类对自然世界的索取，已到地球生态系统再生产无法满足的地步。第二，主观上，增长必须有限制。经济增长到了某一节点时，边际成本越来越大而超过边际效益。此时，应该停下增长的步伐，否则进入"非经济增长"（Uneconomic Growth）的泥沼，即增长的成本就超过带来的收益。美国等富裕国家已经到了这个节点，转向"后增长社会"（Post-Growth Society）。此时，单纯追求经济增长弊大于利，不应再为单纯为GDP增长而牺牲生态环境、社区家庭、工作生活等等，而应该对经济发展进行重塑而不是重振，着力提高自然资源和改善民生，关注社区、家庭生活和自然世界的可持续。

"非经济增长"理论的产生具有深刻背景。2008年，全球金融和经济危机爆发，生态危机前所未有地加剧，而现代经济理论对此难以给出令人信服的解释。在这背景下，以赫尔曼·达利（Herman Daly）和杰姆斯·古斯塔夫·斯比斯（James Gustave Speth）为首的学者提出"非经济性增长"理论。

（2）"地球边界"理论   由地球本身复杂的生态系统所决定，人类赖以生存的地球具有人类必须尊重的界限，一旦人类经济发展超过固有界限，必将导致不可逆转的生态危机或者灾难。人类正面临9类"地球边界"，其中气候变化、生物多样性流失、磷和氮产生等边界已测算出安全阈值，均已透支或超越（如气候变化安全阈值应为350ppm，而现在是387ppm）。

这一理论的代表人物有约翰·罗克斯特仑（Johan Rockstrom）、威廉·史蒂芬（William Steffen）等人，著述主要有《人类的安全操作空间》和《"地球边界"：探索人类安全操作空间》。

（3）"多纳圈"理论   地球有一个资源利用的生态上限，超过这个上限就导致无法挽回的生态退化，同样也有一个资源利用的社会基线，低于这一基

线人类就无法生存。前者是"地球边界"，包括气候变化、生物多样性、磷和氮生产使用等9类边界，构成"外圆"；后者是社会边界，包括就业、增收、教育、食物、淡水等11类"社会边界"，构成"内圆"。内外两圆合成人类安全和公平的"多纳圈"：在这里，地球上每个人都能获得满足生活需要的资源，但人类整体经济增长在地球承载力范围内。

实现"多纳圈"的关键在于做到全球资源公平分配。研究表明，只要用3%的粮食，就能让占全球人口13%的营养不良人口免于饥馑，而富裕人口每年食品链中浪费的粮食超过这个数字。同样，要让当前19%还没有用上电的人口都摆脱能源贫困，付出的代价只是让现有的二氧化碳排放增加1%，但目前全球过半的碳排放来自占全球人口11%的富裕人口。因此，让地球面临巨大生态压力的不是脱贫，而是资源分配极端不公平。反过来说，只要生态公平，不需要超越地球极限的生态足迹，就可以养活所有地球人。正是富裕人口的过度占有和奢侈消费，导致了"地球边界"突破，加剧了落后地区贫困。

这一思潮的代表人物为凯特·拉沃斯（Kate Roworth），她代表"乐施会"①在"里约+20"峰会上发表了《人类安全和公平的发展空间》，在国际上引起广泛反响。

三、绿色经济新趋势：安全性和包容性

《我们希望的未来》第3章集中阐述绿色经济议题，强调新绿色经济可为可持续发展的工具之一，分析在可持续发展和消除贫困的背景下绿色经济发展的新趋势——安全性和包容性。安全性和包容性的绿色经济是在"浅绿色经济"和"深绿色经济"基础上，有所改进、有所创新、有所超越，在国际社会深入人心、广为接受。

（1）以效率为主导的"浅绿色经济" 1989年起，大卫·皮尔斯等人发表《绿色经济蓝图》，提出了"绿色经济"的概念。此后一段时间，绿色经济流行起来了。但是，那时绿色经济以效率为导向，强调要从自然资本粗放性投入转向集约高效利用，只要经济增长能够抵消资源环境的损失，财富总和实现

---

① 乐施会（Oxfam）是一个具有国际影响力的发展和救援组织的联盟，它由13个独立运作的乐施会成员组成。1942年Canon Theodore Richard Milford（1896～1987年）在英国牛津郡成立，原名Oxford Committee for Famine Relief。组成目的是在二战运送食粮到被同盟国封锁的德国纳粹党占领下的希腊人民。1963年，加拿大成立了第一家海外分会。

由1987年开始，乐施会在中国推行扶贫发展及防灾救灾工作，项目内容包括：农村综合发展、增收活动、小型基本建设、卫生服务、教育、能力建设及政策倡议等。1991～2008年底，乐施会在国内28个省份开展赈灾与扶贫发展工作，投入资金总额超过5亿元人民币，受益群体主要是边远山区的贫困农户、少数民族、妇女和儿童、农民工及艾滋病感染者等。

非减增长就是可持续发展。这一阶段的绿色经济被称为"浅绿色经济"。

（2）承认增长有限的"深绿色经济" "浅绿色经济"存在两大不足。一是没有认识到自然资本，尤其是生物多样性和生态系统功能的稀缺和有限，二是坚持末端治理可以纠正经济增长带来的生态危机和环境破坏。鉴于此，生态经济学家提出了"深绿色经济"，强调经济增长的物质规模受到自然边界的限制，尤其是关键自然资本是不可替代的，因此无限制的经济增长是需要控制的。"深绿色经济"认为经济增长类似于人体的发育过程，经济系统依赖的物质增长是阶段性的事情，经过物质投入从"满"到"空"后，经济增长的物质规模应该控制，从追求物质资本的扩张转向追求人类幸福的发展。

（3）引入公平概念的包容性绿色经济 "深绿色经济"认为经济增长有极限边界，承认自然资本价值，但是没有考虑经济增长的伦理问题，无法解答相随而生的贫富差距，最终也没能解决生态危机。因此，新绿色经济在坚持生态安全的基础上，引入公平的伦理概念，强调绿色经济必须具有包容性，获得了国际社会的普遍认可。如，"里约＋20"峰会认为，应该在遵循生态界限的前提下，发展绿色经济要关注公平，保证地球上每个人特别是穷人具有公平享受自然资本的权利。但由于新绿色经济涉及政治倾向和利益分配的问题，各大阵营有很大不同。新兴经济体和发展中国家强烈强调公平观点，认为绿色经济首先是具有包容性。发达国家特别是美国等消费主义国家则普遍抵制这一说法，因为这意味着需要大幅度地减少个人、组织和国家的消费增长。

四、新绿色经济为生态和民生林业建设提供理论支持

在可持续发展和消除贫困背景下，国际社会倡导发展绿色经济，林业受到了前所未有的关注。"里约＋20"峰会强调林业/森林在发展绿色经济具有重要积极作用，联合国环境署认为林业在发展绿色经济中处于"基础地位"，联合国粮农组织坚持并倡导把林业纳入绿色经济的"核心内容"。在《我们希望的未来》和《迈向绿色经济》等文件中，新绿色经济展示出新维度——安全性和包容性，为对生态和民生林业建设提供了一定的理论支持。

（一）绿色经济的安全性要求坚持和加强林业生态建设的主体地位

绿色经济安全性的根本要求是，在实现经济增长时，既不能超过自然生态极限边界（如9类"地球边界"）造成生态危机，又必须促进自然资本（Natural Capital）在消耗和生长中实现存量扩增。在9类"地球边界"中，气候变化、生物多样性和土地用途改变等已经透支或接近临界点，亟需改变逆转并促进有关自然资本增长。我国林业包括森林、湿地、荒漠三个生态系统，基本覆盖了除海洋外的所有生态系统服务和生物多样性。这决定了我国必须坚持和

加强林业作为生态建设主体的地位，发挥林业基础作用，促进实现绿色经济的安全性。

（二）绿色经济的包容性要求发展林业以保障民生和改善民生

绿色经济的包容性建立在自然资本公平利用和合理分配的基础上，尤为关注消除贫困，创造"包容性财富"（Inclusive Wealth），帮助贫困地区人群改善民生。据联合国环境署分析，全球绿色投资 1/4（即全球生产总值的 0.5%，约合 3250 亿美元）将投入到林业、农业、淡水和渔业。在向绿色经济过渡中，林业除了增加自然资本外还发挥多种效益：森林工业附加值到 2050 年将比常规情景增加约 20%，大量贫困人口直接获得补贴和各种收益，工作岗位数量明显增多。我国山区面积占国土面积的 69%，山区人口占全国人口的 56%。我国生态和民生林业建设，必将创造规模巨大的"包容性财富"，促进自然资源和财富公平分配，有利于在山区林区加强民生保障和促进民生改善，实现绿色经济所强调的包容性。

五、新绿色经济为生态和民生林业的政策调整带来启示

绿色经济为林业拓宽了新的领域和视野，也给生态林业和民生林业政策调整带来启示。进行政策调整，首先要识别涉及因素哪些是确定的，哪些是不确定的。以下，根据《我们希望的未来》、《迈向绿色经济》和国际应对气候变化谈判多项决议等文件，总结归纳如下：

（一）已获证实/承认的 3 个事情：

（1）林业占有绿色经济的基础地位，森林生态系统产品和服务具有巨大潜力和价值。发展绿色经济可促成人类福祉和社会公平，同时显著降低环境风险和生态稀缺。森林是支持人类福祉的"生态基础设施"的重要组成部分。森林产品和服务是逾 10 亿人的主要经济生计，其中大部分人生活在发展中国家和贫困地区。除了木材、纸张和纤维产品占 GDP 很小的比例，森林生态系统提供了数以亿万美元计的公共服务。森林持续为 80% 的陆地物种提供生境，增加林地能改善土壤质量，提高水土保持能力。可持续林业方法和保护生态的耕作方法对于自给农作尤其灵验（全球近 13 亿人的生计依赖自给农作），提供可回收、可再生和可分解的林产品促进建筑业绿化。由于林业维持着一系列相关产业和下游产业，在整合各类关键经济行业绿化的战略政策议程中，林业可充分发挥协调增效作用。

（2）林业投资日益受到重视，资金规模不断扩大，投入领域逐渐延拓。从投资领域看，林业"绿化"的投资领域包括从天然林保护、建立保护区、造林和再造林、农林复合经营到森林生态旅游等等。人们将认识到，森林生态

系统服务将成为宝贵的投资机遇。据估计，仅保护森林避免温室气体排放就产生不少于 3.7 万亿美元的净现值。从投资规模看，据联合国环境署分析，2011～2050 年，仅再造林和避免毁林/森林保护，就吸引全球生产总值 0.034% 投入，相当于平均每年投入 400 亿美元（按 2010 年美元价值水平）。其中，约有 54% 即 220 亿美元投入到再造林，而 46% 即 180 亿美元投入到避免毁林/森林保护。2011～2050 年间，将有 0.03% 的全球生产总值用于支付森林土地所有者，以保护森林以及私人投资造林，则森林工业所增加的经济价值可高出常规情景模式 20% 以上。

（3）林业部门存在特定的投资机会，即将启动具有全球意义的政策改革，可供各国借鉴和推广，推动向绿色经济过渡。经长期探索验证，林业现在拥有比较成熟的林业"绿化"的市场机制和政策工具，可用于复制和扩大规模。其中包括经木材认证、雨林产品认证、生态系统服务收费、惠益分享计划以及基于社群的伙伴关系。特别是，围绕减少毁林和森林退化导致的排放"补偿计划"的国际和国家磋商可能是目前促进林业向绿色经济过渡的最佳机会。"REDD＋"试点项目证明，"环境服务付款"具有更广阔的发展空间，不仅能促进气候的调节和生物多样性的保护服务，而且也能扩大资金规模，帮助社区在景观层面上进行维护。

（二）实现促进条件的政策调整主要方向和内容：

（1）推进森林治理和产权改革。要针对毁林或者阻碍林业发展的制度性因素推进森林治理和改革，建立透明、公平、有保障的分配机制，授予权利人尤其是当地居民的森林资源产权。

（2）加强森林可持续经营。构建森林可持续经营的政策框架，核心内容包括确保利益相关者参与，关于森林利用的透明而易得的信息和问责机制，各类林业补贴、经济工具和森林生态效益补偿，以及能力建设和技术服务。同时，建立广泛法律机制，推动各国合作打击非法采伐。

（3）推动财政政策改革和经济手段重组。要向绿色经济转变，需要改革林业政策框架，综合考虑和改革调整林业和相关领域财政政策和经济工具。同时，林业不但是资源产业，而其是其他产业及相关生计的支撑，如能源领域（低成本木材进入并成为可再生能源）和农业领域（森林保持土地肥力，持续提供食物，其资产随时变现投入耕作）。这需要对林业政策与相关领域政策进行评估，确保政策效力不相互抵牾，不产生侵占林地和破坏生物多样性的逆向行为，

（4）调动绿色经济投资。一个重要政策是公共政策采购计划。另一政策是掌握在重要投资机构手里，鼓励投资机构坚持绿色贷款，拒绝对不可持续

或者非"绿化"林业项目投资。

(5)提高森林资产信息。森林资产信息,包括森林资源资产存量、流动和成本效益分配,有助于人们了解森林生态系统所覆盖的服务领域,调整林业与农业和相关领域关系,让林业获得优先投资的机会。森林资产信息分析不是简单地计算蓄积和面积,而是全面评估森林生态系统服务的规模、价值和质量。尤其要关注林业本身及对下游产业的经济社会效益和民生改善。

(6)利用"REDD +"机制作为"绿化"林业的融资催化剂。目前,全球公共产品(Global Public Goods)尚未吸引明朗而稳定的投资。森林生态服务有效调节气候变化,通过"清洁发展机制"(CDM)或者"REDD +"机制吸引了投资。这是各国和林权者从森林生态效益获益的极好机遇,也为建立生态效益补偿机制创造宝贵经验。为深入推进"REDD +",获得更多经验,需要:一是制定方法学指南,促进各国一致达成解决"REDD +"有关问题尤其额外性问题的认识。二是建立保护碳权和公平受益的保障机制,尊重和保护依赖森林生活的人们的碳汇产权(尤其是根据传统或者习惯法获得),让其获得适当的收益。三是研究建立小规模"REDD +"模式,确保当地利益相关者获益,让"REDD +"具备让当地社会或人群公平受益的包容性。

(三)政策调节需要关注的困难/挑战:

(1)需要法律和治理方面的变革,打击毁林和侵占林地等行为。当前,毁林不断加剧,林地不断被侵占和改变用途。原因是林产品需求以及来自其他土地用途(特别是农业和畜牧养殖)的压力,以及市场、政策和治理失灵。这些都是森林面临的严重威胁。对此,需要法律和治理方面的变革,促使走向可持续林业,弃用蔓延全球的不可持续做法。

(2)需要审慎地考虑农业补贴的问题,以及政府对生物质能源的大力扶持。开垦耕作曾经是毁林的主要原因,生物质能源现在迅速扩张,成为毁林的新的驱动因素。目前,如果要确保粮食安全和能源安全,很难撤销对农业或者生物质能源的各类补贴和扶持。如果不加强政策协调,农业和新能源仍然有大量补贴和大力扶持,"REDD +"等保护森林的效力估计大打折扣。但是,也有两全其美的折中之路,如发展农林复合经营,促进农业和林业的耦合。

(3)需要构建和适用应对复杂性的信息处理工具和方法,以全面监测、经济统计和多元分析作为决策的依据。目前,评估森林生态系统服务价值存在相当多的不确定性,而这方面的研究尚未深入,包括从森林碳汇计量监测到林区经济社会和民生改善状况的调查监测。

(4)加强和提升林业部门的制度性力量。过去几十年,如果说环境治理尚有进展，原因之一是环境主管部门作为制度性力量出现且不断加强。正如联合国环境署所说，林业机构过于薄弱，制度性力量不足，则不利于推进改革、执行政策和实现促进条件，推动向绿色经济过渡。

（根据《我们希望的未来》、《迈向绿色经济》、《森林：对自然资本投资》、《经济增长新视野》、《世界边缘之桥：资本主义、环境和从危机到可持续》、《"地球边界"：探索人类安全操作空间》、《人类安全和公平的发展空间》等文献翻译整理）

第二篇

气候变化、森林碳汇与碳排放权交易

多哈气候大会预判：
议题可分三类　针对"操作"问题谈判

《联合国气候变化框架公约》第 18 次缔约方会议暨《京都议定书》第 8 次缔约方会议（COP18/CMP8）（简称多哈气候大会）将于 2012 年 11 月 26 日至 12 月 7 日在卡塔尔的多哈举行。随着多哈气候大会的逼近，一些政府和组织发布了立场文件，相关机构开始对多哈会议进行预判。普遍认为，多哈气候大会在比较有利的背景下召开，相关议题可以分为三类，会议安排将针对从 2009 年以来取得的决议成果进行"操作"谈判，把各项决议真正落到实处。

一、多哈气候大会的背景和方向

随着在卡塔尔多哈召开的联合国气候变化大会日益逼近，及时采取应对气候变化行动显得尤为急迫。极端天气在全球许多地方造成巨大破坏，最近"桑迪"台风肆虐，给其所经的国家造成人员伤亡和严重经济损失。许多国家，包括美国和其他远没有能力应对灾害的国家，现在仍然处在漫长而艰辛的灾后重建过程中。

认识到气候变化带来的影响。最近，世界银行发布了一份令人震惊的报告，向世人展现如果温度再上升 4℃，这个世界将是什么样子。当然，抵达多哈的各方谈判代表，也不是不知道气候变化带来的严重影响和应该紧急采取行动，但是当前全球经济社会状况和各方利益考量权衡，往往让谈判显得非常艰难。

去年在南非德班召开的气候大会是一个转折点，让各方同意启动了新一轮的谈判，力求在 2015 年达成一项国际协议，限制全球平均气温仅比工业化前增幅不超过 2℃。但是，德班大会以及之前多次会议达成这么多的共识，这些大会的使命可以说是"决议"，多哈大会自然就成为了讨论如何让决议生效运行，其使命在于"落实"。

二、三类议题和可能的谈判产出

（一）今年亟待讨论和敲定的 6 个议题

（1）减排目标：各国能够承担多少减排目标？"德班平台"制定了一个"2020 年前"工作计划，提出了减排的目标水平，指出在已实现的减排量和为满足2℃目标实际需要的减排量之间所存在的差距。这需要采取更加积极的行动：一些国家在现有减排水平上加大减排承诺；尚未承诺减排的国家需要作出减排承诺，例如东道主国和该地区的其他国家；达成一份有执行力的协议，规定碳计量和碳市场，避免碳重复计量；以及各国联盟致力于走得更快更远。

（2）气候融资：在气候资金问题上，发展中国家一直处于优先考虑的位置，在此基础之上，当前气候融资工作有三个关键要素：第一，要确保新的绿色气候基金（GCF）已经准备完毕并可以开始运行。其次，随着2012年快速启动资金的结束，发展中国家都在等候后续资金援助如何进行，尤其是发达国家要如何实现在哥本哈根气候大会上承诺的每年100亿美元的援助资金目标。这需要两方面工作：一方面，关注中期融资承诺，包括发达国家所做出的资金援助承诺，另一方面重视长期融资的工作计划，包括增加融资规模的一些创新机制。最后，各国需要达成协议，确保气候融资更加透明，以及有效跟踪各国兑现已承诺的融资。

（3）透明度和问责制：为让各国知道它们是否有效地进行了减排，确保透明性和制定计量规则势在必行。作为2009年以来全球气候谈判的核心组成部分，多哈气候会议必须商定相关细节安排：如，每两年一次的回顾（biennial review）；国家层面的"可测量、可报告和可核实"（MRV）系统；通用报告/计量的标准，等等。这些相关内容在两个地方有较多的规定：一是在《京都议定书》中，当前《京都议定书》即将启动第二承诺期，需要详细做好这方面的准备，尤其是执行力强的计量标准。最近，澳大利亚声明要依托《京都议定书》实现其2020年减排目标，《京都议定书》的机制显得尤为重要。二是在"坎昆协议"中，尤其是发达国家两年一次报告的透明度的详细规定，以及国际社会对发展中国家如何减排的调查分析，各国需要最后达成一致意见。

（4）碳市场：有关碳市场的议题也将摆在多哈气候大会的谈判桌上，但不是"新瓶装老酒"的简单改装，而是要创新碳市场的机制和规则。目前碳交易市场给人有一点"狂野西部"的感觉。世界范围内的国家正在启动国内碳交易计划，例如澳大利亚和韩国等。虽然从这一点来看对于碳市场是积极的，但是各国显得各行其是。目前，亟须解决一系列碳市场的问题，如各国碳市场能否相互结合，能否制定抵消排放的共同规则，能否制定追踪交易的国际规则以避免双重甚至多重碳计量？关于碳市场的这些事项可以在市场机制组中讨论，也可以借助边会和对话讨论。

（5）森林/REDD＋：在多哈气候大会上，围绕"减少毁林和森林退化的排放"（REDD＋）的谈判从"以成果为导向"和资金支持两个角度将继续下去。谈判者认识到，减少此类碳排放需要在思维上具有更宽广的视野（即贫困、适应、生物多样性），力图找出把握这种整体视角的最佳方式，这并非无稽之谈，而是有理论支持和实践依据的设想。此外，谈判者们考虑到在不久的将来，出售减排量作为抵消不太可能成为一个主要的资金来源，他们正在讨论是否有可能存在其他类型的融资方式，既保证充分发挥"REDD +"已确定的性能，又能较好地减少交易成本。

（6）适应：关于适应议题的谈判仍然集中在最脆弱的一些国家。一些关键性议题需要明确敲定，包括国家适应规划，其中应规定在国家层面的中长期适应计划，以增强良好管理作为适应的基础，并将适应行动纳入到各个主要行业中。尤其是，有些国家提出在应对气候变化中，需要对减排和适应进行综合评估，这一建议很有深入探讨的价值。

（二）2015 年协议计划

但是，我们都知道，现在的行动并不足够，而世界需要一个新的游戏规则，让世界各国一起行动应对气候变化的问题。所以，除了以上所总结归纳的规则外，本次多哈会议的《公约》缔约方将关注两大焦点问题：一是各国之间如何就 2015 年协议草案开展谈判（比如，将来数年的工作议程安排），二是 2015 年协议草案包括哪些内容。

在国际气候谈判的舞台上，美国、中国和欧盟等一如既往地引人注目，尤其是今年，美国刚刚顺利完成了大选。据观察人士分析，奥巴马班子在胜出后可能对过去的气候变化政策改弦易辙，或者承认气温升高 2℃ 的限制，并制定奥巴马政府如何运用其政府权威去满足减排 17% 的目标，以及对 2020 年全球减排协议框架生效采取广泛的对策。同样，中国也刚刚顺利完成领导接力棒交替，正在快速而深入推进低碳经济发展，中国的发展经验和减排工作将极大地鼓舞其他国家采取行动，从而让全球应对气候变化更加有效。当然，欧盟、最不发达国家和小岛国家联盟等也会发挥积极的作用。这些重要的参与者将决定多哈气候大会是否消弭分歧，达成新的决议意见甚至行动方案。

（三）"共同但有区别的原则"及其公平性的具体化

多哈气候大会还面临着一个棘手的话题就是公平性。"共同但有区别的原则"一直就是《联合国气候变化框架公约》的基石，因此，一份成功的 2015 年协议必将坚持"共同但有区别的原则"，虽然现在各大阵营对其具体含义理解有所侧重。也许，"共同但有区别的原则"在 2015 年协议将主要表现为具备应对气候变化能力的国家应该更快地采取行动，既然所有国家都承认气候变化是这个时代最为严重的全球生态危机。赴多哈气候大会的各方代表必须要拿出一个富有创意的工作方案，既坚持了"共同但有区别的原则"所要求的公平，又促进了具备应对能力的国家率先采取行动，以确保把所有的缔约方都包括进来。这项工作将异常艰辛，但乃必然之举。

（资料来源：www. unfccc. org，insight. wri. org 和文刊整理的材料，2012 –
11 – 20）

德班增强行动工作组：
关注 2020 年后气候新协议和
2020 年前减排目标水平

2012 年 11 月 5 日，德班增强行动平台特设工作组（ADP）联席主席就多哈
会议发布了一份非正式说明，旨在协助代表，为即将到来的德班增强行动平
台特设工作组第一次会议的第二部分做好准备，该说明列出会议提出的目标
和思路。

该次会议建议的目标包括：在更广阔的视野下，继续规划德班增强行动
平台特设工作组 2013 年的工作，并说明这项工作到 2015 年的主要参考点；
为"弥补目前减缓气候变化目标存在的差距并在 2015 年前实现一份新协议"而
推进工作。

联席主席建议聚焦其关于"展望多哈及其以后的曼谷会议思考说明"中精
选的有关问题进行讨论，特别讨论 2020 年后的新协议（工作面一）和 2020 年
前的减排目标水平（工作面二）。2020 年后的新协议拟关注的问题包括：如何
适用于《公约》原则；新协议如何适用于所有缔约方；如何根据《公约》，使新
协议加强多边的、基于规则的体制；德班增强行动平台特设工作组如何纳入
《公约》其他机构和进程的工作。2020 年前的减排目标水平拟关注的问题包
括：如何提高现有承诺的减排目标；《公约》如何增强和支持国际和国家的额
外行动；执行手段如何在增强减排目标方面发挥作用。

（摘译自：ADP Co-Chairs Release Note on Doha Session）

公约秘书处：
关于气候变化长期融资问题的七条建议

2012 年 11 月 6 日，《联合国气候变化框架公约》秘书处发布题为《关于长期融资工作规划系列研讨会报告》的报告，针对气候变化缔约方大会长期融资议题提出七条建议供多哈大会参考：

（一）扩大融资规模

国际社会当前和未来应对气候变化努力的一个核心组成部分是，升级、动员和推动发展中国家的气候融资和投资。由于使用的假设和方法各不相同，气候融资需求规模的估计结果各异，但是所有研究都表明，目前的融资规模难以匹配"发展中国家完全解决其适应和减缓气候变化需求"所要求的融资水平。大幅增加财政资源，以帮助发展中国家限制和减少温室气体排放并适应气候变化的影响，显得非常必要。

（二）加强政治进程

我们认为，有必要加强政治进程，一要升级、动员气候融资，二要加强和促进《公约》下工作流程的结构优化，三要作出更大的努力来加强国际和国家层面（应对气候变化行动的）实施。这些进程，一方面应纳入"德班增强行动平台特设工作组聚焦 2020 年后气候融资正在进行的努力"中，另一方面也应为其提供必要的信息。

（三）澄清发达国家空档期（2013～2020 年）融资

以上政治进程也应聚焦动员短期、中期和长期的气候融资的来源和备选方案。在《公约》背景下，有必要就"快速启动融资期间（2010～2012 年）之后（2013～2020 年）"气候变化资金的提供，给予澄清和预见。也有必要澄清，发达国家如何实现"2020 年前每年集合提供 1000 亿美元的气候资金"的承诺。指出，在实施有意义的减排行动、执行减排行动透明度，以及资金将来自多种来源（公共的和私人的，双边的和多边的，包括另类资金来源）等背景下，缔约方应作出动员上述金融资源规模的承诺。

（四）加强能力建设

工作规划清楚地表明，为加强气候融资治理，无论是《公约》内和《公约》外的核心领域都需要开展进一步工作。为增强和改善发展中国家与气候融资需求有关的信息，有必要加强和聚焦工作。需要进一步完善和改进方法学，以更精确地评估减缓和适应气候变化需要的成本。还有必要提高发展中国家按照自身发展重点进行自我评估的能力。

（五）跟踪气候融资情况

我们还认为，必须加强气候融资（无论是公共部门还是私营部门的资金）跟踪。改进关于气候融资如何分配和使用的信息，是监测、报告和核实气候融资流向发展中国家，并评估其影响的一个重要因素。需要采取一个更全面的方法，来处理"支持气候资金流向发展中国家的"信息的透明度和一致性，同时保持该方法的简单性和易管理性。

（六）发展中国家构建有利的金融环境

需要加大力度，提高许多发展中国家的有利环境，认识到国家政策、法规和公司治理框架为"减少投资壁垒以及发挥气候融资的有效性"发挥了至关重要的作用。国际政策也可以加强和支持构建有利环境的努力，比如通过设定雄心勃勃的目标和规范、提高透明度和信息，以及促进学习。为了更有效地使用资金，有必要继续建立和加强国家制度和机构，并持续向人力、机构和技术能力投入。

（七）我们认为，重要的是推进实际行动

其中最重要的示范性进展是，实现商定的 2020 年前提供 1000 亿美元的目标。至关重要的是，在《公约》下的气候融资相关的进程内保持密切对话和信息交流，也与域外的进程和行为者进行对话和交流。在这方面，建议建立一个定期的气候融资论坛和市场，汇集所有相关行动者（政府、私营部门和其他利益相关者），以建立一个有效的反应，并快速提高"减缓和适应气候变化弹性发展的"金融部署。

（摘译自：Report on the Workshops of the Work Programme on Longterm Finance）

绿色气候基金有新进展　五个问题仍亟待解决

绿色气候基金的定位

绿色气候基金的定位是成为全球主要的气候融资渠道，帮助发展中国家减缓和适应气候变化。8 月 23 日，绿色气候基金（GCF）董事会第一次会面，围绕如何加大财政支持力度，帮助发展中国家减缓和适应气候变化。绿色气候基金在 2011 年德班气候谈判中正式成立，被认为是全球主要的气候融资渠道，期望至 2020 年每年募资 100 亿美元。

8 月底会议取得了进展

8 月底在日内瓦举行的绿色气候基金董事会汇聚了 24 个国家及其代理人，负责增强气候融资动员。会议主要集中在程序性行动方面，其中包括两名联席主席的选举。

正如来自南非的董事会联席主席查希尔·费卡先生(Zaheer Fakir)在一份新闻稿中所说："我们董事会的任务是将这些协议转化为可实施性行动，以改善人们生计，应对气候变化的影响。"

来自澳大利亚的董事会联席主席伊温·麦克唐纳(Ewen McDonald)对此表示同意，"本基金将帮助发展中国家采取行动应对气候变化并以一种可持续的方式来发展经济，这将使全球数以百万计的人们受益。"

需要解决的关键问题

除了建立共同主席，第一次会议留下了几个集中在基金运作方面的开放性问题，包括基金的所在地，来年工作计划的制定，当然还有资源动员的实际运作。

今后，董事会要抓紧解决几个关键问题：

(1)维持包容性过程 绿色气候基金设计整个过程主要关注在：确保设计过程具有公平性、透明性和可参与性，以及该基金的治理结构具有合法性而被认可。绿色气候基金通过其成立和运作首先要维持开放性和包容性的决策程序，这将是重要的。事实上，基金的合法性可能存在于它如何很好地实现这些要求。

(2)挑选执行董事 董事会需要制定严格程序来选择独立秘书处的执行董事，因此只要获得主办方即多哈 COP18 大会批准，基金工作就开始了。

(3)拓展可参与渠道 由于绿色气候基金不同于现在任何一个治理领域的基金，董事会必须保证绿色气候基金运行具有可参与性，包括使官方观察员(来自于民间社会和私营部门)更充分地融入其中。这将很重要，一旦绿色气候基金被认为不具有透明度和参与性，则遭到质疑甚至受阻。考虑观察员们在治理机构中参与程度非常限制性，董事会将不得不寻找创新性方式，为民间社会和私营部门拓宽参与渠道，确保运行决策观点和专业知识的多样性。

(4)制定一项工作计划 董事会将需要制定一项工作计划，列出将如何实施今后任务，并设定一个衡量进展情况的时间表。它必须在现实与目标之间实现一个平衡——花费时间来专心和彻底地完成其工作与专注于气候融资规模的崇高目标。

(5)建立可操作性流程 除了程序问题，董事会应开始处理绿色气候基金如何运作的战略性问题，包括业务模式、成功建立具有变革性的气候基金框架、与现有气候资金和机构的协作关系，以及如何调动私有部门积极性。

许多上述问题将可能会在今年 10 月份在韩国举行的董事会或晚些时候在多哈举行的 COP18 大会上进一步研究解决。

（资料来源：www. gcfund. net，2012 - 08 - 27）

波恩会议关注

盘点波恩会议：谈判进展不大　"亮丽"与"黯淡"并存

本轮波恩会议 5 月 14～25 日举行，是 2011 年德班大会后的联合国气候变化第一轮正式谈判。会议围绕加强公约和议定书的实施、落实德班会议一揽子平衡成果相关的 50 多项议题进行了谈判。来自 184 个缔约方和观察员国以及政府间国际组织和非政府组织等共计 2500 多人出席会议。

这轮波恩会议是德班气候大会重要成果——"加强行动德班平台特设工作组"（以下简称"德班平台"）的首次亮相。按照德班大会决议，"德班平台"的主要任务是在 2015 年前达成一个适用于《联合国气候变化框架公约》（以下简称《公约》）所有缔约方的法律文件或法律成果，作为 2020 年后各方加强《公约》实施、减控温室气体排放和应对气候变化的依据。因此，有关"德班平台"的谈判也成为贯穿整个会议的热点。但是，从谈判进展看，这场首秀并不算光彩照人：会议期间，各方在谈判议程、主席团人选等程序性问题上争吵不休，致使谈判迄今没能进入实质阶段。直到会议最后一天傍晚，各方同意了一个折中方案，才打破这一僵局：考虑到各方平衡和主席一职的敏感性，会议决定"德班平台"采取联席主席制，第一年会议主席由印度和挪威代表共同担任。

尽管如此，波恩会议最令人失望的结果之一，就是在构建"德班平台"上没能取得实质性的进展。人们原先期待，波恩会议能够达成一个工作计划，逐步消除发达国家与发展中国家之间的隔阂，实现更大范围的合作。但是，人们看到的只是一份不完整的临时议程，里面充满各种对立的意见，让日后谈判面临着各种变数。

虽然在波恩会议陷入了"德班平台"程序之争，谈判代表们对 2020 年前提高减排目标及 2020 年起生效的新协议，还是达成了工作计划。同时，波恩会议也在以下几个方面获得了不太显眼的进展。

●《京都议定书》：各方正在推进《议定书》修正案出台工作，规定第二承诺期于 2013 年 1 月 1 日开始。据菲格雷斯说，与会各方在德班大会确定的延续《议定书》第二承诺期的基础上，在《议定书》修正案、两个承诺期的衔接、发达国家减排指标等问题上，"明确了更多的法律和技术细节"，为今年年底多哈气候大会正式批准《议定书》第二承诺期做了准备。

●减排：各方进一步讨论了以下内容：一是关于"国家适当减缓行动登记"机制（Nationally Appropriate Mitigation Actions（NAMAs）registry），记录各国关于减排的行动计划。二是关于促进各国相互交流；三是"国际咨询和分析机构"（the International Consultation and Analysis（ICA））在设计上包括哪些主要内容，采取什么工作路线，以及开展什么实践行动，以确保"国际咨询和分析机构"能提供与核实减排目标相关的透明度和追责性。

●资金：波恩会议取得了关于"快速启动基金"（Fast Start Finance）资金透明度的进展。"快速启动基金"将为减缓和适应提供短期投资，以获得关于改善资金报告的好经验、好做法。此外，各国也讨论如何拓宽中期募资（2013 ~ 2020 年）的渠道。关于 2020 年后的长期募资，各国集中讨论两个问题，一是如何确保资金的可预测性，另一是如何合理调整不同渠道资金。

●技术：根据坎昆会议和德班会议达成的时间表，谈判代表们对举办 CTCN 各个机构组织的名单达成一致意见。CTCN 设立的目的在于，将各国和区域的机构、网络和行动组织起来建成一个平台，支持发展中国家进行技术研发和转移。如果 CTCN 能与资金机制结合并能推动企业界参与，CTCN 有望成为改变游戏规则者，将具有能力帮助各地取得经济社会增长、减少排放和更有适应能力的综合效益。

（资料来源：UNFCCC 网站资料，WRI 分析资料）

曼谷气候谈判 3 大看点：
德班平台增强行动　京都议定书二期承诺
长期合作行动

2012 年 8 月 30 日到 9 月 5 日，联合国新一轮气候变化谈判在曼谷展开了。前段时间，波恩气候谈判在低潮中最后闭会，而曼谷谈判可能获得真正的进展，为今年年底在卡塔尔多哈召开的 COP18 大会定下基调。

会议背景概况

正如其它气候谈判一样，谈判代表们在这次曼谷谈判中，既要竭尽全力地处理大量复杂的技术难题，又要耗费心力平衡各种政治考量，把整个谈判向前推进。谈判继续集中在减排目标和公平问题上，促进各国达成一致意愿，加大减排力度，确保全球气温上升不突破比全球工业化前高出2℃的阈值。

在今年5月14~25日召开的波恩谈判会议上，谈判代表们言辞激烈，相互指责对方不按照科学要求进行减排。在这次曼谷会议，各方已经意识到需要一个更"灵活"的协议，于是共同营造出微妙的合作环境开展协商。当然，这并不是说没有争吵了，而是说各方都有意识地在合作的基础上进行谈判，毕竟留下的时间已经不多。各方希望在曼谷能够解决好三个主要技术问题，迎接今年年底召开的卡塔尔会议。

曼谷谈判三大问题

(一)德班平台增强行动特设工作组(Ad Hoc Working Group on the Durban Platform for Enhanced Action ，ADP)

德班平台(ADP)创建于2011年12月，其任务是制定一个新的气候协议框架，此框架将于2020年生效实施。该协议大体轮廓和主要内容已基本确定。该协议有望促进各方尽可能地广泛合作，弥补排放差距，控制全球升温在2℃的阈值内，并据此制定透明有效的规则。曼谷谈判需要进一步对这些内容作细节考虑。波恩谈判未能商定德班平台工作计划，因此曼谷谈判就必须达成这样的里程碑和工作程序，使德班平台有效运行起来。

此外，公平原则和"共同但有区别的责任"这两项基本原则在去年12月德班最终协议中没有出现。过去的9个月里，谈判代表们围绕这两个原则，如何最大限度地促进最多国家实施减排，以及衍生出来的差异能力和历史责任的各种认识，进行了各种激烈的辩论。曼谷谈判需要为这两个原则专门开展讨论。

德班平台有效运行后将重点讨论短期(2020年前)和长期(2020年后)的减排目标。在过去的几个月里，许多建议已摆在谈判桌，从取消化石燃料补贴到提高能源效率再到建立全球碳市场等等。曼谷谈判达成一个草案文本至关重要，包括明确减排步骤，短期(2020年前)减排努力，以及2015年达成新协议所包括的长期目标(2020年后)。

(二)京都议定书(The Kyoto Protocol)

毫无疑义，京都议定书将在2013年1月进入第二承诺期，但一些关键问题仍未解决。

首先，各方必须最后确认绝对减排目标和相关规则（如京都议定书机制的运用、各项要求的审查，以及各项法律的执行）。同时，各方还要必须确定第二承诺期的期限。欧洲人倾向于8年为期，使承诺期限与欧盟2020年减排目标跨度一致。其他人主张以5年为期，担心承诺期过长会让主要排放国家延迟强制减排行动。当然，曼谷谈判看来难以解决这一具有高度政治性的问题，只有到了部长级谈判才能解决。

其次，谈判代表们还必须解决一直延续的争论，即如何分配第一承诺期未使用的排放配额。关于这个问题，各方之间已经达成了原则，但是对具体分配方案存在较大分歧。

第三，谈判代表们还要为第二承诺期提供一份实实在在的法律文本。一些可供选择的方案已摆在曼谷谈判桌了，选定的文本将在今年年底多哈COP18会议上通过。

最后还有一个突出的问题，即澳大利亚和新西兰在第二承诺期如何与欧盟减排体系对接。据悉，8月28日，澳大利亚已与欧盟达成协议，同意对接双方的碳排放交易体系。按照该协议，双方的碳排放交易体系将于2015年7月1日开始对接，澳大利亚的碳排放价格将与欧盟一致；2018年7月1日前彻底完成对接，即双方互认碳排放份额。

（三）长期合作行动特设工作组（Ad Hoc Working Group on Long-term Cooperative Action，LCA）

关于长期合作行动（LCA）的工作项目正在开展，目的是调动财政资源用于减少排放、适应气候变化影响和技术研发。它还要制定有效规则，对各方实施减排承诺进行监测、报告和核实，同时鼓励各方科学地实施更多减排。这一工作项目包括了55个以上并行子项目。当然，这次曼谷谈判难以在财政支持和技术进步上取得重大突破，因为这方面的协议达成应该在正规气候公约谈判，而不是在曼谷召开的研讨会或者常设委员会会议。

曼谷谈判还面临着一个突出而重要的问题——创造碳机制。在德班会议上，各方决定创新市场机制，提高减缓行动的效益，为这一点发展中国家和发达国家都能接受。曼谷谈判需要进一步讨论碳市场新机制设计、过程和作用。但是，曼谷谈判是否能克服长期合作行动下的碳计量的各种争议，推出各方共同认可的指标和方法学，仍然是一个问号。

在曼谷谈判中，长期合作行动（LCA）所面临的挑战是这些突出问题能否达成明确意见，哪些问题可纳入德班平台中。如果所有问题都转移到德班平台，则可能削弱德班平台的工作，模糊德班平台所承担的任务。其实，很多问题尤其是技术性问题可交由公约技术支撑附属机构解决。

（资料来源：unfccc. int，insights. wir. org，2012 - 09 - 03）

欧盟理事会关于多哈的立场：
加快进度　平衡各方
关注"德班平台"、议定书和公约执行的问题

10 月 25 日，欧盟理事会(Council of European Union)发布针对《联合国气候变化框架公约》第 18 次缔约方大会(即多哈会议)的立场文件。主要内容如下：

一、引言

(1)赞赏 2012 年至今为止就实质化运作德班方案(Durban Package)作出的努力：①德班平台下的开启工作：最迟于 2015 年开始采用一个适用于所有缔约方的全球法律约束力减排协议，以及为保持全球升温低于 2°C，开展推进工作，确保所有缔约方采取最大的减缓努力，尽快结束目前至 2020 年期间(缔约方)在减缓目标的水平上存在的差距；②处理根据德班授权(Mandated in Durban)公约长期合作行动特设工作组悬而未决的问题(Outstanding Issues)；③落实《京都议定书》下悬而未决的问题，以在多哈会议采纳一份《京都议定书》修正案，让尽可能多的参与方从 2013 年 1 月 1 日起开始执行第二承诺期；④根据坎昆和德班精神进一步开发和实施新的程序和机构。

(2)敦促所有缔约方以 2012 年 5 月的波恩会议和 9 月曼谷会议采纳的工作为基础，并加快进度，以便多哈会议达成一个雄心勃勃的全面结果，该结果有助于形成平衡的政治动力推动德班方案的所有要素。

(3)重申欧盟全面落实德班方案的承诺；强调指出，需要推动德班方案中的所有要素以维护"在德班达成的"平衡，因此考虑到"迈向'通过未来具有法律约束力的协议及其具体实施'的道路"取得必要进展；回顾德班方案背景下达成的协议，在多哈，结束公约长期合作行动特设工作组(AWG – LCA)的工作，落实京都议定书附件一国家进一步承诺特设工作组(AWG – KP)在经批准的议定书第二承诺期的工作并将其关闭；强调在"增强行动德班平台特设工作组"(ADP)的工作方面需要取得显著进展；指出，通过各附属机构和"根据坎昆和德班决定设立的"机构，以及包括解决一些悬而未决的问题，让"加强公约的实施"保持在一个持续的进程。

(4)性别方面的问题需要被纳入到应对气候变化的努力；注意到在公约背景下，就这个问题上所取得的进展；呼吁进一步采取加强行动，旨在实现

女性和男性在气候相关决策中均衡的代表性，以进一步促进机会平等。

二、德班平台

（5）为实现最迟于2015年开始采用一个适用于所有缔约方的全球法律约束力减排协议，以及在2020年前提高全球减缓目标的水平，强调以曼谷建设性讨论为基础的迫切需要。

（6）强调计划"增强行动德班平台特设工作组的"工作实现2015全球法律约束力减排协议的必要性，特别强调2013年的工作项目和里程碑（事件）；呼请所有缔约方启动准备"为缔结'最迟于2015年开始采用一个适用于所有缔约方的全球法律约束力减排协议'而需要的"国内政策。

（7）全球法律约束力减排协议将确保所有缔约方的参与，将纳入所有缔约方的承诺；协议应确保所有缔约方为集体努力实现"把全球升温控制在2℃以内，同时为所有缔约方保障和创造可持续发展机遇，以及为消除贫困和气候弹性增长构建有利环境"作出充分贡献；强调下述原则：公约应该是一个具有包容性和公平性的气候制度的基石；强调指出，责任和能力是有区别的，但随着时间的推移，协议应反映这些不断变化的现实情况，包括一系列动态承诺。

（8）强调"至2020年的集体减排目标水平"与"保持全球升温在在2℃以内的排放轨迹"之间仍然存在显著的差距需要弥补；重申全球温室气体排放量必须最迟于2020年达到峰值，且到2050年与1990年相比至少减排50%并在那时之后继续减排；在此背景下，紧迫需要多哈会议根据增强行动德班平台特设工作组就2020年前减排目标取得进展；呼吁所有缔约方全面地、毫不拖延地实施其（迄今为止提出的）减缓承诺和行动，并考虑其（减排能力）可能性推动尽其所能减排；强烈鼓励尚未采取如此行动的缔约方多哈会议提出承诺。

（9）重申在必要的减排（即根据政府间气候变化专门委员会，由发达国家作为一个群体其排放量到2050年比1990年减少80%～95%）背景下欧盟的目标；进一步重申，根据政府间气候变化专门委员会第四次评估报告和最新研究成果，发达国家作为一个整体应在2020年使其排放量较1990年减少25%～40%，而发展中国家作为一个整体，在2020年偏离（指的是低于）其目前预测的排放增长率15%～30%。

（10）如果其他发达国家承诺具有可比性的减排（目标），并且先进的发展中国家根据它们的责任和各自的能力作出充分贡献，欧盟将作出2020年较1990年减排30%的有条件承诺，作为全球2020年前全面和综合性协议的一部分。

（11）强调有必要设定计划推动"升级全球减缓目标的"工作，特别强调

2013 年；呼吁所有缔约方升级实质性行动，一方面弥补减排目标的差距，包括通过透明的国际合作倡议和伙伴关系，如在"Rio + 20"会议宣布的倡议和伙伴关系（如人人享有可持续能源倡议）；另一方面捕获超出目前承诺的显著减缓潜力（已被识别可提供减排量），如针对氢氟碳化合物、能源效率、可再生能源、化石燃料补贴、REDD + 和短期气候污染物（Short-lived Climate Pollutants）等采取行动。

三、京都议定书

（12）需要重申的是，最近公布的 2012 年进展报告显示，欧盟及其成员国已经走上"满足其京都议定书第一承诺期的减排义务的"轨道；强调指出，已经采取了必要步骤从 2013 年 1 月 1 日开始执行欧盟及其成员国 2020 承诺；并且欢迎通过将产生温室气体排放显著减少的能源效率指令。

（13）欢迎在德班会议和随后的闭会期间会议就"迈向多哈会议通过一项京都议定书修正案"方面所取得的进展，该修正案将保证"一个有效的基于多边规则的系统"连续性（包括该系统灵活的机制），并确保第二承诺期于 2013 年 1 月 1 日开始，作为形成一项具有全球法律约束力协议的一个过渡；并注意到，欧盟及其成员国已经采取必要的步骤把德班作出的决定转化进入欧盟的立法，特别是关于土地利用，土地利用变化和林业的测量、报告和核实。

（14）在德班达成的一揽子方案取得平衡进展的背景下，强调的是，欧盟同意在多哈达成京都议定书第二承诺期继续生效的一份批准的议定书修正案；强调第二承诺期从 2013 年开始，并应于 2020 年结束，并强调新的全球法律约束力减排协议应不迟于 2020 年 1 月 1 日生效；在此背景下，呼吁所有尚未这样做的附件 B 缔约方，在多哈会议开始前，提交其量化的限制或减少排放的承诺（QELRO）；强调第二承诺期广泛参与和达成充分减排目标的必要性，并吁请所有附件 B 缔约方在第二承诺期确保高水平的量化的限制或减少排放的承诺（QELRO）；敦促所有附件 B 缔约方提出的第二承诺期量化的限制或减少排放的承诺比各自的第一承诺期量化的限制或减少排放的承诺更加宏伟，以相对基准情景产生一个显著的偏离；回顾欧盟和其成员国 2012 年 4 月 19 日提交的有关京都议定书第二承诺期量化的限制或减少排放的承诺的信息；在此背景以及适用规则被同意后，欧盟同意"量化的限制或减少排放的承诺覆盖基准年或基准期二氧化碳排放总量 80% 的发达国家批准议定书"以后，加入修订后的附件 B 缔约方；关于欧洲联盟对附件 B 国家修正案的书面同意将由欧盟委员会提出，成员国关于其对附件 B 国家修正案的书面同意将由各成员国单独提出。

（15）建议简化程序以便缔约方希望提高其第二承诺期期间"量化的限制

或减少排放的承诺"的水平；呼请对京都议定书减排承诺水平的评估与根据公约的 2013 ~ 2015 审查重合。

（16）重申第一承诺期分配数量单位（AAUs）的盈余，如果不妥善处理的话，可能影响议定书的环境完整性；考虑到附件 B 国家修正案以及 2013 年 1 月 1 日启动议定书第二承诺期，强调处理该问题的紧迫性；重申处理该问题必须以一种非歧视性方式，同等对待作出"第二承诺期量化限制或减少排放的承诺的"欧盟和非欧盟国家，并指出第二承诺期结转和使用分配数量单位只适用于第二承诺期采取限制或减少排放的承诺的缔约方；建议达成一项关于第二承诺期结转和使用的分配数量单位的解决方案，保持一个雄心勃勃的环境完整性，并保持对高成就进行激励同时设定雄心勃勃的减排目标。

（17）强调"通过'针对悬而未决的批准采取务实的解决方案'让第二承诺期的实施产生立竿见影效果的"必要性，以确保第二承诺期京都议定书规则和机构的连续性，并确保作出"量化的限制或减少排放的承诺"的缔约方在第二承诺期期间但在议定书修正案正式生效之前，连续地采用京都议定书机制；重申在多哈通过京都议定书缔约方大会决定是确保平稳过渡和全面实施有关规定的最佳方式。

四、公约执行

（18）欢迎德班在适应、减缓、技术、资金和能力建设方面的总体进展，为进一步落实坎昆协议营造良好环境。

（19）强调澄清发达国家和发展中国家承诺的重要性，以评估共同促进"保持全球升温低于 2℃目标的"实现情况；支持附属机构进程的连续性，以进一步明确减排承诺及其基本假设和执行，并加强关于低排放发展战略制定和实施的交流。

（20）欢迎建立一个基于市场的新机制，其目的是提高成本效益，并促进减缓行动（确保全球温室气体排放量净减少和/或避免的同时促进可持续发展）；强调"确保来自新市场机制的信用单位代表真实的、持久的、额外的和可核证的减排量"的重要性，为避免重复计算，这一点应成为一个严格、健全和透明的公共核算框架的一部分；预期多哈会议制定和通过关于基于新市场机制的模式和程序，以使新市场机制尽可能早地开始运转。

（21）强调"多哈会议通过根据公约的审查的范围和模式有关规定"的必要性，以便审查在 2013 年及时启动；审查应按照公约最终目标和实现最终目标的总体进程情况，评估长期全球目标是否足够。

（22）强调通过（坎昆协议中作出决定并在德班进一步阐述的）可测量、可报告、可核实（MRV），透明执行承诺的极端重要性；强调有必要取得进展，以加强实施针对所有缔约方的 MRV 框架，并在多哈会议上就 MRV 系统细节取得一致，包括"实现有效的增强透明度的"国际磋商和分析过程、审查指南的修订、发达国家两年一次通用报告格式（Common Reporting Formats）和国内 MRV 系统的指导原则。

（23）强调多边商定共同、严格、健全、透明、规则全面的 2020 年前核算和测量、报告和核实（MRV）框架，以确保环境完整性、跟踪各缔约方执行承诺的进展情况、并确保减排努力的可比性以及有效的碳贸易、碳市场联系和碳抵消或碳信用的使用满足国家承诺的情况，包括国家参与基于市场的新机制以及其他各种方法框架的规则；强调 2020 年后必须采取适用于所有缔约方的共同核算规则。

（24）欢迎德班关于 REDD＋作出的决定，特别是保障措施、森林参考水平（RL）和森林参考排放水平（REL）；多哈会议在下述方面取得进展显得尤为关键：开发技术指导、识别与毁林和森林退化动因有关的活动、国家森林监测和 REDD＋的可测量、可报告、可核实（MRV）的模式、保障措施的可操作化以及为基于结果的行动融资的模式和程序；邀请发展中国家有计划进行 REDD＋活动，在多哈会议提供有关森林参考水平和/或森林参考排放水平的开发、如何处理保障措施等观点。

（25）致力于继续实施坎昆适应框架；期待着适应委员会的工作方案，确定行动以加强公约下适应活动的连贯性；为国家主导的国家适应计划制定框架，以及支持让最不发达国家（LDC）具有准备和实施国家适应计划能力的进程，从而提高发展中国家的适应规划能力——我们对这一决定表示欢迎；欢迎由气候变化的不利影响导致的损失和损害采取工作计划的背景下开展的工作，期待进一步提高认识，加强专业知识方法以处理损失和损害风险；确认通过现有的渠道和机制继续支持最不发达国家和小岛屿发展中国家应对气候变化的影响。

（26）对德班会议以来技术机制实施取得的进展表示欢迎；强调需要在多哈会议选择气候技术中心的东道方，以使技术机制在 2013 年全面投入运作。

（27）期待多哈会议上建立对农业的工作方案，以进一步提高认识，并解决农业部门（包括与粮食安全有关的部门）减缓和适应气候变化的科学和技术问题。

（28）重申欧盟 2009 年 10 月的结论，关于同意对国际航空和海上运输的全球减排目标，与 2℃目标保持一致；敦促各缔约方继续努力，通过国际民用航空组织（ICAO）和国际海事组织（IMO），按照它们的原则和习惯做法，毫不拖延地制定一个全球性政策框架，以确保一个公平竞争环境，不会导致竞争扭曲或碳泄漏；强调在使用潜在收入时考虑到国家的预算规则和公约的原则和规定的必要性。

（29）重申必须继续为发展中国家的适应和减缓活动提供支持，特别是最脆弱和最贫穷的国家；在这方面，回顾今年 2 月 21 日和 5 月 15 号的结论，强调欧盟在多哈会议前正在持续地考虑未来的气候融资问题；强调多哈会议上向发展中国家就 2012 年后气候融资持续性抛出信号的必要性。

（编译自：Conclusions on the Preparations for the 18th session of COP 18 to the U_ FCCC and the 8th session of the Meeting of the Parties to the Kyoto Protocol （CMP 8）（Doha，Qatar，26 _ November – 7 December 2012）3194th ENVIRON-MENT Council meeting）

"基础四国"第 11 次气候变化部长级会议联合声明

2012 年 7 月 12 ~ 13 日
南非·约翰内斯堡

1. "基础四国"第 11 次气候变化部长级会议于 7 月 12 ~ 13 日在约翰内斯堡举行。中国国家发展和改革委员会副主任解振华阁下、巴西外交部环境、能源、科技大使马查多阁下、印度环境和森林部特别秘书莫瑞什阁下、南非水资源和环境部长莫莱瓦阁下，以及德班会议主席的代表迪塞科大使阁下出席会议。根据"基础四国 +"模式，阿尔及利亚（作为"77 国集团 + 中国"主席国）、斯威士兰（作为非洲集团主席国）、瑙鲁（作为小岛国集团主席国），以及卡塔尔（作为多哈会议主席国）也受到与会邀请。

2. 四国部长们欢迎联合国可持续发展大会（"里约 + 20"峰会）成果和大会通过的《我们希望的未来》文件，文件重申了里约原则，特别是"共同但有区别的责任"原则。

3. 部长们申明，德班会议达成了审慎平衡的一揽子成果，强调按照德班会议决定全面、有效执行德班成果的重要性。部长们强调今年是执行年，重点是通过京都议定书附件 B 修正案，达成与 1/CP. 13 号决定（巴厘行动计划）一致的成果，以及启动德班平台。

4. 部长们对京都议定书附件一缔约方所提交的通过量化减限排指标反映的减排力度表示关切，这一减排力度远低于科学和附件一缔约方担负其历史责任所要求的到 2020 年在其 1990 年水平上至少减排 25% ~ 40% 的目标。部长们呼吁，通过一个能获得各缔约方国内批准的议定书第二承诺期，并从

2013 年起立即执行，以使多哈会议成功结束京都议定书附件一国家进一步承诺特设工作组的工作。

5. 部长们强调，多哈会议根据 1/CP.13 号决定成功结束公约长期合作行动特设工作组工作的重要性，并特别强调，通过发达国家的统一核算规则在减排努力可比性问题上达成明确决定以及充分落实包括适应框架、资金和技术机制等在德班达成的机制安排十分紧迫。另外，部长们还强调了执行手段的重要性，特别是长期资金的来源和透明度、技术转让以及确保技术转让不因知识产权受阻等问题。

6. 基于上述考虑，部长们强调，未决问题特别是公平、知识产权、单边措施等必须在特设工作组下讨论，而技术性问题可在公约附属机构下得以适当处理。部长们对欧盟继续实施将国际航空排放纳入欧盟碳排放交易体系的单边行动，以及采取类似单边措施的意图表示严重关切。部长们呼吁，立即停止这些破坏多边规则体系、损害各缔约方互信的行为。

7. 部长们欢迎根据 1/CP.17 号决定启动增强行动德班平台特设工作组，以及该工作组在 2012 年 5 月波恩会议上取得的进展。部长们认识到，德班平台工作组为进一步落实公约，以达成一个公平、全面参与和有效的成果提供了明确的机会。部长们重申，德班平台工作组谈判的进程和成果都应在公约之下，完全符合公约的原则和规定，特别是公平原则、"共同但有区别的责任"原则和各自能力原则。部长们重申，德班平台工作组应基于缔约方的提案、相关技术、社会、经济信息和专业知识对其工作进行计划，该计划应包括减缓、适应、资金、技术开发和转让、行动和支持的透明度、能力建设等内容。

8. 部长们强调，资金和技术支持以及适应是 1/CP.17 号决定提及的减排工作的核心要素，注意到，发展中国家充分致力于在应对全球气候变化问题上发挥他们的作用，所采取的减缓行动已表明其极大决心。在此方面，发达国家必须承担他们的历史责任，率先应对气候变化，按照科学并根据公平原则、"共同但有区别的责任"原则和各自能力的原则承担有力的、雄心勃勃的减排承诺。

9. 部长们讨论了专家在公平获取可持续发展方面的未来工作，明确了有必要在德班平台的讨论范围内就其落实开展进一步工作。他们同时明确了专家有必要就相关问题作进一步科学和技术分析，包括市场机制在附件一国家减排中的作用、关于航空航海排放的单边措施，以及具有温室效应的短寿命物质。部长们授权专家加强协作，为谈判提供技术支持，并提出切实办法增进南南合作。

10. 部长们对印度即将于 2012 年 10 月 1～19 日在海德拉巴举办生物多样

性公约第十一次缔约方会议和卡塔赫纳生物安全议定书第六次缔约方会议表示支持。部长们对卡塔尔即将举办公约第十八次缔约方会议和京都议定书第八次缔约方会议，以及对卡塔尔慷慨支持 2012 年 8～9 月在曼谷举行额外的工作组会议表示赞赏。部长们表示将全力支持卡塔尔担任下届缔约方会议主席国并推动多哈会议取得成功。

11. 部长们强调，"基础四国"作为"77 国集团 + 中国"的一部分，将继续致力于维护和加强该集团的团结。部长们重申了"77 国集团 + 中国"保持团结以及发展中国家在气候变化谈判中发出一致声音的重要性。部长们重申，将继续采取"基础四国 +"的方式，并在"77 国集团 + 中国"内积极开展工作。

12. 部长们欢迎巴西于 2012 年 9 月举办"基础四国"第十二次气候变化部长级磋商会议。

（资料来源：气候变化司网站，2012 - 07 - 17）

英国议会关于 REDD + 议题的观点：
资金、参考水平和保障机制条款

近期，英国议会网站刊登其关于公约第 18 次缔约方大会 REDD + 议题的观点，主要内容如下：

一、资金(Funding)

（1）预期在多哈会议上，将召开关于 REDD + 资金的讨论会，并将就 REDD + 资金来源产生一份技术文件。据路透社报道："在德班关于融资最艰难的决定被推迟到明年的气候峰会，几乎没有观察家希望在 2020 年前看到一个 REDD 市场出现。"Jouni Paavola 教授说，私人融资为 REDD + 提供资金中发挥了至关重要的作用。

（2）英国能源和气候变化部(DECC)承认 REDD + 融资进展令人失望，无论是公共资金还是私营资金，在资金拨付确保项目完整性方面存在困难。我们注意到，这种困难很大程度上是由于森林国家关于森林治理和财产所有权不同的或不一致的立法。这笔钱是有，但没有被花费。能源和气候变化部补充说，私人资金在 REDD + 长期融资中发挥至关重要的作用，但是解锁私营部门的资金甚至比解锁公共部门的资金更具挑战性。

（3）我们建议能源和气候变化部调查，为何把资金拨付进入 REDD + 项目会如此令人失望。我们建议，英国政府提供支持，努力解决阻碍"处理毁林的"金融部署的立法异常。能源和气候变化部需澄清应采取哪些步骤，为公约第 18 次缔约方大会上关于 REDD + 融资的会议做好准备。

二、参考水平（Reference Levels）

（4）参考水平是国家采用的基线，例如通过它，国家知道通过一套具体的管理活动避免了多少排放。参考水平被利用在 MRV 系统中。德班会议缔约方同意采取一套技术原则，以确保参考水平具有环境完整性。多哈形成的决议将包括在这些技术原则框架内如何测量和监测由于林业的排放。能源和气候变化部提供的证据中，该部声称，它们将推动从 2014 年开始两年一次的报告（Biennial Reporting）。委员会支持这一目的，并建议政府有力谈判促成这一目标的实现。

三、保障机制条文（Safeguards）

（5）在德班，开发了 REDD + 保障机制条文实施情况的报告系统，但该系统的概念尚未决定。多哈会议将继续这一工作。一些非政府组织批评保障条文的措辞，称它们"虚弱无力"和"对数以百万计的土著人民的坏消息"。能源和气候变化部表示，应在保障条文基础上建立指导原则，并且报告的要求要覆盖现有国际公约已经涵盖的要求。该部认为，多哈应就"森林国家如何报告这些保障条文"取得进展。

（6）目前有很多国家在林业应对气候变化挑战中具有关键地位，但它们并没有参与全球碳贸易进程的治理程序。此外，一些发展中国家的森林面积并未处于中央政府的控制下，这是一个延续 REDD + 的有力论据。我们认识到 REDD + 在处理林业排放量方面的重要性，特别是在森林面积并未处于中央政府的控制下的发展中国家。我们建议，英国和欧盟进一步推动，以在REDD + 项目采取更强大和更详细的社会、治理和环境保障措施。

（摘译自：The road to UNFCCC COP 18 and beyond）

各方关注"REDD +"资金问题
实践探索可选融资工具

除了政府投入，绿色经济发展需要额外的融资机制来维持全球自然资本。除了气候融资，联合国"REDD +"方案连同其他机制可作为重要工具推动向绿色经济过渡。联合国"REDD +"方案是 2008 年 9 月由粮农组织、开发署和环境署共同推出的一项倡议，以支持各国努力减少森林采伐和森林退化并提高森林碳储量。目前，捐助国对"REDD +"（包括联合国 - REDD 方案、REDD + 伙伴基金、森林碳伙伴基金、全球环境基金，以及森林投资计划等）的认捐金额，在 2012 年前达到了 50 亿美元。

"REDD +"融资方案谈判艰难　技术文件将在曼谷会议深入研究

一直以来，"REDD +"融资问题引起国际社会各方关注，但是国际气候变化谈判对"REDD +"资金机制或/和融资方案等问题尚未达成实质性共识。在"里约 +20"峰会后不久，也就在 2012 年 7 月 26 日，"联合国气候变化框架公约"秘书处公布融资方案的技术文件（FCCC/TP/2012/3），该文件旨在全面实施有关决定 1/CP.16，第 70 段中涉及到的基于成果的行动的相关活动（"REDD +"，即通过减少发展中国家毁林和森林退化，加强森林的可持续利用和保护作用以及提高碳储量来减少排放量）。该文件列举了一系列缔约方和观察员组织提出的意见，包括以融资结果为基础的行动和程序，重申坎昆决定 1/CP.16、第 68 ~ 70 段和 72 段中所界定的"REDD +"的相关性活动，讨论了"REDD +"融资方案、关键实质性问题及需要进一步探索的问题。在 2012 年 8 月底泰国曼谷召开的"公约下长期合作行动特设工作组（AWG - LCA）非正式会议"，将对该技术文件尤其是用以全面实施"REDD +"融资方案，进行深入讨论。

投资林业越来越受关注　总量变化幅度不大

在"里约 +20 峰会"召开之前，2012 年 6 月 25 日，联合国粮农组织、（加纳）热带林国际（Tropenbos International）和加拿大自然资源部发布题为《机构投资组合中的林地：重大投资能扩展到新兴市场么？》的报告，评估有关机构投资者参与林业尤其是参与 REDD + 和生物多样性等新兴市场的情况。报告认为，近年来，如何扩大和丰富森林可持续经营（SFM）的金融基础，在政策、研究和发展论坛已获得越来越多的关注。人们日益认识到森林对经济增长、社会发展和环境健康的贡献，推动公共和私营部门都向森林可持续经营投资。私营投资者、养老基金和其他的机构投资者(银行、保险公司、捐赠基金、木材基金)已对林业和木材加工投入巨额资金。报告调查了 42 个北美和欧洲地区的投资决策者，他们代表着投向林业领域的 360 亿美元资金。报告发现，从投资目的看，投资者主要把林业作为多样化投资选择和通货膨胀套期保值(inflation hedging)的手段；从投资对象看，投资者寻找经认证的可持续经营的森林进行投资；而不把资金投向基于森林的事业如加工和生产。研究还发现，过去 10 年，机构对林业的投资比重变化幅度不大，对林业投资大约占其总投资额的 1%。目前，影响投资者进行更多投资的因素，主要是政治、社会和法律的稳定性、投资规模、管理历史、预期的回报率、流动性和现金流潜力。

"REDD + 伙伴关系"实践探索 REDD + 融资工具

2012 年 7 月 1 ~ 2 日，世界银行在哥伦比亚圣玛尔塔市(Santa Marta)组织召开了"REDD + 伙伴关系"研讨会，共有来自中国、哥伦比亚、法国、丹麦、挪威、越南、泰国、巴新等 22 个国家和大自然保护协会等 7 个国际组织的 50 余位代表参加。除了分析"REDD + 伙伴关系的未来"外，会议集中讨论"REDD + 未来融资问题"。

REDD + 未来融资成本大但可接受　市场机制有助降低成本

世界银行方面认为"REDD +"融资成本很大，但并不是不可接受和不可承担的，而是可控和可以承担的。关于融资渠道，公共和私营资金在"REDD +"中都有自己的功能。私营投资并不一定必须依赖碳市场才能参与"REDD +"活动，公共资金可以创造金融工具吸引私营投资参与。未来融资的趋势要着力减少融资成本，随时间推移力求吸引数量最大、成本最低的资金来源。同时，准许私营部门承担它们自身可以承担的风险，进一步刺激做好开发项目的准备。通过公共资金、私营资金支持，当市场成熟时，私营部门要进一步扩大投资。

未来 REDD + 融资可借助 4 种金融工具

会议讨论并倡议作为未来"REDD +"融资的 4 种金融工具，比较分析了 4 种工具的优劣性：

(1)资本提供(Providing Capital)，指直接向"REDD +"提供资本进行投资的模式。按照风险和预期收益率的不同，认为资本提供又细分为赠款(Grants)、债务互换(Debt Swaps)、贷款(Loans)、债券(Bonds)、股权(Equity)和税收优惠(Tax Concessions)六种形式。

(2)产出支持(Supporting Outputs),指支持对生产性活动产出的销售,包括对生产者生产的产品提供某种水平的奖励或者对消费者提供支持确保他们能以合理的价格购买生产者的产出,力求进一步促进更多资金稳定投向REDD+领域。具体表现为四种形式:①远期交易(Forwards),指的是设定一份远期协议,买卖双方有义务按照既定价格在预定日期进行交易;②卖方期权(Put Options),指期权的销售者拥有在期权合约有效期内按执行价格卖出一定数量标的物的权利,但不负担必须卖出的义务;③买方期权(Call Option),指在协议规定的有效期内,协议持有人按规定的价格和数量购进标的物的权利,但不负担必须买进的义务;④逆向拍卖(reverse auctions),指一种存有一位买方和许多潜在卖方的拍卖形式。在逆向拍卖中,买方会提供商品以供出价,潜在卖方持续喊出更低的价格,直到不再有卖方喊出更低价为止。

(3)风险保险(Insuring Risk),指对投资方和生产方提供保险工具,减少他们承担风险的影响程度,促进更多投资。具体细分为三种形式:①担保(Guarantees),金融担保是一种以金融债权为担保对象的担保,指的是担保人(保险机构、银行)根据申请人("REDD+"项目方)的要求向受益人(投资人)开立的,保证一旦申请人未能履约,或者未能全部履约,将在收到受益人提出的索赔后向其返还该预付款的书面保证承诺;②商业保险(Commercial Insurance),主要是针对森林可能承受的火灾和洪水灾害进行保险的有关工具;③政治或政策风险保险(Political Risk Insurance),指的是促进国外来源资金投资的一种手段,针对海外来源投资可能受到政治暴力、政府征用土地或财产、政府拒绝等风险开展的针对性保险。

(4)确保环境完整性(Ensuring Environmental Integrity)。该种工具并不是"REDD+"直接的融资工具,而是与提高"REDD+"投资的环境完整性相关的一种重要工具。具体包括两种形式:①缓冲(或储备)和折扣(Buffers and Discounts),缓冲指的是留出一部分(储备碳汇林)碳信用指标,当有风险发生在已售出碳信用的碳汇林上,就用保留的缓冲碳信用指标弥补风险造成的损失;折扣指的是买方考虑到碳汇的风险性,购买时可能会采取打折的做法,如想购买80单位碳信用指标时,考虑风险的存在,可能会购买100个碳信用单位;②打捆和成堆销售(Bundling and Stacking),指的是把多种生态系统服务和产品打捆销售的做法。

(摘译自:世界银行"REDD+伙伴关系"研讨会会议材料,UNFCCC Releases Technical Paper on Financing Options for REDD+,Timberland in Institutional Investment Portfolios:Can Significant Investment Reach Emerging Markets?)

我国碳交易市场建设迈出了实质性的步伐

"这是国内碳交易市场建设迈出的标志性步伐。"中国国家发展改革委副主任解振华 2012 年 8 月 16 日在沪表示。当天，上海市碳排放交易试点正式全面启动。"上海的步子又快又实"。解振华说，碳交易试点真正从"务虚"进入了务实阶段。2011 年 11 月，国家发展改革委确定北京市、天津市、上海市、重庆市、广东省、湖北省、深圳市等 7 个省、市开展碳排放交易试点。

据上海市发改委人士介绍，上海参加试点的单位为钢铁、石化、化工、有色、电力、建材、纺织、造纸、橡胶、化纤等工业行业中年二氧化碳排放量两万吨及以上的重点排放企业，以及航空、港口、机场、铁路、商业、宾馆、金融等非工业行业中年二氧化碳排放量一万吨及以上的重点排放企业。试点企业应按规定实行碳排放报告制度，获得碳排放配额并进行管理，接受碳排放核查并按规定履行碳排放控制责任。

此外，对于上述范围之外的以及试点期间新增的二氧化碳年排放量一万吨及以上的其它企业，在试点期间实行碳排放报告制度，为下一阶段扩大试点范围做好准备。据统计，上海全市参加试点的企业在 200 家左右，报告企业在 600 余家。

根据上海的试点方案，上海碳交易标的主要是二氧化碳排放配额。此外，部分经国家或上海核证的基于项目的温室气体减排量可作为补充，纳入交易体系。上海将对试点企业的初始碳排放配额免费分配。

资料显示，"十一五"期间，中国实现了"单位 GDP 能耗下降 19.1%、节能 6.3 亿吨标准煤、减少二氧化碳排放 15 亿吨"的目标。"十二五"期间，中国又确定了"单位 GDP 能耗下降 16%，碳强度下降 17%"的目标。中国政府非常重视应对气候变化，已经提出了自己的战略目标。开展碳交易试点，已作为"十二五"期间中国控制温室气体排放的重点工作之一。

解振华说，碳交易试点要与国家节能减排的各项政策协同联动，为节能减排目标完成服务。在总量设定和配额分配上要科学和适度，既要让参与企业有动力，又不能过度增加企业负担。同时要加强碳交易的支撑体系建设，在节能减排的统计、监测、考核及交易标准和制度等方面形成配套完善的总体结构。

宝钢集团等一些企业认为，参与碳交易，为企业实现减排目标提供了一条新的、市场化的路径。企业如不能完成减排目标，则可通过在市场上购买不足部分的配额来履行减排责任。同样，企业如通过努力超额完成减排目标，也可以在市场上出售其剩余配额，从而获得一定收益。

据介绍，上海将加快制定出台上海碳排放交易管理办法等规章制度，科学核定企业碳排放基数，明确碳排放合理分配方法，加快碳排放电子报送系统、配额登记注册系统和交易系统等基础支撑体系建设。同时，积极研究政策措施和机制，有效调动各类市场主体的积极性，引导碳排放交易市场的良性有序发展。

（资料来源：新华网，2012 – 08 – 23）

广东启动碳排放权交易试点
森林碳汇纳入交易体系

日前，广东省政府正式印发《广东省碳排放权交易试点工作实施方案》，首批九大行业 827 家企业纳入"控排企业"范围，标志着广东碳排放权交易试点工作已从制度设计阶段转向实际操作阶段。作为全国第一个启动碳交易试点的省，与北京、上海等城市相比，广东有 21 个地级以上市，区域覆盖面广，地区经济社会发展水平不一，且行业种类多、差异大。广东版的碳交易方案，结合广东特色，尽可能涵盖主要的排放行业，并率先探索省内不同区域之间开展交易的可行性。

（一）碳排放权交易试点体系框架

碳排放权交易，交易什么，如何交易？省发改委副主任鲁修禄介绍，广东省碳排放权交易产品以碳排放权配额为主，即由政府发放给企业等市场主体量化的二氧化碳排放权益额度。同时经国家或广东省备案、基于项目的温室气体自愿减排量作为补充交易产品。此外，广东省还将积极探索创新交易产品。

广东省碳排放权交易主体，是政府纳入控制碳排放总量的企业（简称"控排企业"）。政府向控排企业发放碳排放权配额，对控排企业碳排放进行监督管理。控排企业按照所获配额履行控制碳排放责任，并可通过配额交易获得经济收益或排放权益。

碳排放权交易活动通过交易平台进行。广东省碳排放权交易平台是广州碳排放权交易所。

（二）碳排放权交易试点分三步走

广东省碳排放权交易试点分三期安排，第一期（2012～2015年）为试点试验期，第二期（2016～2020年）为试验完善期，第三期（2020年后）为成熟运行期。

"百丈之台，其始则一石。"对体系宏大的交易体系建设来说，第一期工作是非常关键的。在第一期，广东省碳排放权交易试点着重在部分重点行业开展建立碳排放权交易机制的试点，并分为三个阶段，循序渐进地开展：

（1）2012年至2013年上半年为筹备阶段，将启动基于项目的温室气体自愿减排交易，正式挂牌成立碳排放权交易所。

（2）2013年下半年至2014年为实施阶段，将启动基于配额的碳排放权交易，开展建立省际碳排放权交易机制的前期研究，加强建立省际碳排放权交易机制的工作协调。

（3）2015年为深化阶段，将力争率先启动省际碳排放权交易试点工作。研究"十三五"碳排放权交易工作思路和实施方案。

（三）年排放超2万吨二氧化碳企业将被纳入控排范围

碳排放权交易市场有效运作的重要前提，是逐步建立健全政府对企业等市场主体碳排放的监督管理机制。

根据《实施方案》规定，实施碳排放信息报告的企业范围是广东省行政区域内2011～2014年任一年排放1万吨二氧化碳（或综合能源消费量5000吨标准煤）及以上的工业企业。研究将交通运输、建筑行业的重点企业纳入碳排放信息报告范围。

实施碳排放总量控制和配额交易的企业范围，是广东省行政区域内电力、水泥、钢铁、陶瓷、石化、纺织、有色、塑料、造纸九大行业中2011～2014年任一年排放2万吨二氧化碳（或综合能源消费量1万吨标准煤）及以上的企业。"十二五"期末力争将交通运输、建筑行业的相关企业纳入碳排放总量控制和配额交易范围。

据统计，广东省2010年可纳入"报告企业"范围的工业企业共1851家，年综合能源消费总量为11805.41万吨标准煤，约占全省能源消费量的44.8%，约占全省工业能源消费量的66.8%。其中，可纳入"控排企业"范围的工业企业共827家，年综合能源消费总量为11067.8万吨标准煤，约占全省能源消费量的42%，约占全省工业能源消费量的62.7%。

（四）碳排放权配额发放初期免费为主有偿为辅

在配额发放方面，广东省发展改革委将根据控排企业2010～2012年二氧化碳历史排放情况，结合所属行业特点，一次性向控排企业发放 2013～2015 年各年度碳排放权配额。根据宏观经济形势，参考企业报告的上一年度碳排放情况，适时对企业本年度碳排放权配额进行合理调整。

广东省实行的是碳排放权有偿使用制度，碳排放权配额初期采取免费为主、有偿为辅的方式发放。省发展改革委将对节能审查结果为年综合能源消费量 1 万吨标准煤及以上的新建固定资产投资项目进行碳排放评估，并根据评估结果和全省年度碳排放总量目标，免费或部分有偿发放碳排放权配额。此类项目是否获得与碳排放评估结果等量的碳排放权配额，可作为各级投资主管部门履行审批手续的重要依据。

（五）森林碳汇纳入碳排放权交易体系

《实施方案》中明确提出建立补偿机制，推动省内温室气体自愿减排交易活动，将基于项目的自愿减排量，特别是森林碳汇纳入碳排放权交易体系。按这一思路，省内项目经国家备案的"中国核证自愿减排量"或省级备案的"广东省核证自愿减排量"可按规定纳入碳排放权交易体系。

广东省已经向国家发改委气候司做了多次汇报沟通，实施方案已得到了气候司的认可。

（资料来源：南方日报，2012－09－18）

美国加州力推碳交易　城市森林可为碳信用额度

美国加州（加利福尼亚州）即将推出"总量控制和贸易"计划。而加州的第七大城市长滩市力图通过维护其 39.3 万棵树构成的城市森林来向被监管的温室气体排放者出售碳信用额度，以缓解其紧张的财政预算。

路透社报道，长滩市女议员格里·希匹斯克日前表示，她将请求该市可持续发展办公室考虑她的建议，将该市城市森林注册为碳抵消项目，为加州碳市场提供碳信用额度。

根据加州的"总量控制和贸易计划"，在城市地区种植和维护森林是碳排放者可用来抵消排放量的四种方式之一。希匹斯克表示，她会请求可持续发展办公室列出该市树木数量和二氧化碳排放量的清单，由此计算出该项目能产生的碳信用额度。她希望长滩成为加州新兴碳抵消市场的先行者，充分利用可从中赚取的收入，尤其是在经济紧张的情况下。

当地报纸《新闻电报》称，长滩市下一财年预算大约有 1720 万美元的赤字，计划通过树木维护削减约为 22.8 万美元的预算。但希匹斯克说，长滩市可以将出售碳信用额度的收入计入树木维护成本，而不是纳入财政预算。

如果获得成功，长滩市将追随洛杉矶西部海滨城市圣莫尼卡，成为第二个将市区森林注册为碳抵消项目的城市。圣莫尼卡市在气候行动储备系统中登记的碳抵消项目将被加州"总量控制和贸易"体系所认可，该项目旨在为城市森林增加 1000 棵树木。

长滩的面积超过圣莫尼卡的 4 倍，人口在后者的 5 倍以上。

加州碳市场将允许碳排放者使用碳信用额度抵消其 8% 的碳排放限额，由此创造了高达 2.08 亿个碳排放信用额度的需求（截至 2020 年）。多数市场分析家们预计供应将会不足，尤其是在 2015 年开始的"总量控制和贸易"计划第二阶段。

"气候行动储备"计划负责人加里·格罗（Gary Gero）说，登记处已经与长滩市官员进行了接触，鼓励该市将森林转化为碳抵消项目。他说，这些碳信用额度可以帮助填补加州"总量控制和贸易"计划预期的供应短缺，尤其是在第二阶段。

格罗说："植树计划能带来多种好处，碳抵消只是其中的一部分。"例如，树木还能帮助抗热和减缓空气污染。"这些树木将在整个生命历程中积攒碳额度，因此回报将是长期的。"他说。

格罗表示，罗得岛州和缅因州也表示对将城市森林登记为"气候行动储备"系统的碳抵消项目有兴趣。

（资料来源：人民网，2012 - 8 - 22）

"基础四国"第十次气候变化部长级会议联合声明

"基础四国"第十次气候变化部长级会议于 2 月 13 ~ 14 日在新德里举行。印度环境和森林部长那塔拉简阁下、中国国家发展和改革委员会副主任解振华阁下、巴西环境部副部长吉塔尼阁下、南非气候变化首席谈判代表威尔斯先生以及公约第 17 次缔约方会议主席代表迪塞科大使出席会议。根据"基础四国 +"模式，卡塔尔（公约第 18 次缔约方会议主席国）、斯威士兰（非洲集团谈判代表召集国及最不发达国家成员）、新加坡（小岛国成员）作为观察员应邀参会。阿尔及利亚（"77 国集团 + 中国"主席国）也受到与会邀请。

"基础四国"部长们对德班会议成果和公约第 17 次缔约方会议主席国南非所发挥的作用表示赞赏。部长们认识到，德班会议代表着向前迈出的重要一步，并帮助实施了一些坎昆会议决定，如绿色气候基金、适应委员会、气候技术中心和网络、资金常设委员会和有关透明度的安排。

部长们特别欢迎就京都议定书第二承诺期达成一致，并强调附件一缔约方在 2012 年 5 月前提交他们的全经济范围的量化减限排指标以便通过一个关于议定书附件 B 的修正案，对于在德班达成的进程的成功而言，是至关重要且必不可少的第一步。部长们重申，议定书的灵活机制将仅适用于那些在议定书第二承诺期下确立量化减排承诺的附件一缔约方。部长们还强调，非议定书附件一缔约方也必须在国际认可的核算、测量、报告、核查和遵约规则下承担具有可比性的承诺。

部长们对加拿大在德班会议结束后不久即宣布退出京都议定书表示遗憾。部长们认为，京都议定书不仅是国际气候变化制度的基石，也是联合国气候变化框架公约下具有法律约束力的协议。发达国家随意抛弃已经作出的法律承诺却要求建立新的具有法律约束力的协议的任何企图，将使其应对气候危机的信誉和诚意受到严重质疑。

部长们认识到，"德班平台"为建立一个公平、全面参与、有效和强有力的气候变化制度提供了明确的机遇。部长们强调，关于"德班平台"的协议是各缔约方之间"相互保证"的审慎平衡一揽子成果的组成部分。部长们重申，在德班启动的进程并不是重新谈判或改写公约，该进程及其成果必须在公约之下，并完全符合公约的原则和规定，特别是公平原则、"共同但有区别的责任"原则和各自能力的原则。部长们对德班会议于最后时刻就在公约下制定一个议定书、其他法律文书或经同意的具有法律效力的成果达成妥协表示欢迎。部长们认为，应当在两个特设工作组完成工作前确定"德班平台"的工作范围。

部长们强调，诸如公平、贸易和技术相关的知识产权等未决问题不应被搁置，必须继续作为谈判的一部分。

部长们注意到，发展中国家充分致力于在应对全球气候变化问题上发挥他们的作用，所采取的行动已表明其极大决心。部长们强调，发达国家必须承担他们的历史责任，率先应对气候变化，按照科学并根据公约下的公平原则、"共同但有区别的责任"原则和各自能力的原则，承担强有力的、雄心勃勃的减排承诺。

部长们强调，公平是国际应对气候变化努力的基石，并欢迎德班会议有关组织"公平获取可持续发展权利"研讨会的决定。部长们强调，公平必须继续作为推进公约进程工作的核心要素。

部长们重申按照公约的原则和规定审评公约实施情况的重要性。部长们强调，第 16 次缔约方会议第 1 号决定就该问题作出的明确授权必须得到尊重。部长们重申政府间气候变化专门委员会第五次评估报告的结果对于推动落实第 17 次缔约方会议各项决定的进程的重要作用。

部长们欢迎启动绿色气候基金并要求尽早注资。部长们呼吁发达国家兑现 300 亿美元快速启动资金以及到 2020 年每年 1000 亿美元的资金承诺。部长们还强调保障发展中国家包括用于落实适应框架、国家适应计划和减少毁林排放在内的长期资金的紧迫性。部长们欢迎在公约下建立平台讨论长期资金问题。

部长们对欧盟将国际航空纳入欧盟排放交易体系表示严重关切和坚决反对。欧盟此举违反了包括联合国气候变化框架公约原则和规定在内的相关国际法，与多边主义背道而驰。部长们表示，欧盟以气候变化为名采取的单边措施，受到国际社会的强烈反对，将严重损害国际社会应对气候变化的努力。部长们认识到发达国家考虑在国际海运领域以气候变化为名采取类似单边措施的威胁，并表达了他们的关切。

部长们忆及中国首次代表"基础四国"在德班会议上所做的发言，承诺将就多哈第 18 次缔约方会议相关讨论保持并深化相互间的协调与合作。鉴于有关"里约＋20"可持续发展会议的谈判正在进行，部长们一致认为"基础四国"应同时加强"里约＋20"相关议题的讨论。

部长们强调，"基础四国"作为"77 国集团＋中国"的一部分，深受气候变化的不利影响，对小岛国、最不发达国家和非洲国家强烈关切感同身受。部长们重申需要保持并加强"77 国集团＋中国"的团结，在气候变化谈判中发出发展中国家的一致声音。

部长们欢迎南非于 2012 年第二季度举办"基础四国"第 11 次气候变化部长级会议。

（资料来源：国家发展改革委网，2012 年 2 月 17 日）

应对气候变化工作纳入
2012 年国民经济和社会发展计划

第十一届全国人民代表大会第五次会议圆满完成各项议程，于 2012 年 3 月 14 日胜利闭幕。会议批准了政府工作报告、全国人大常委会工作报告及其他重要报告，表决通过关于修改刑事诉讼法的决定和其他法律文件。这次会议的一个重要成果是应对气候变化工作被列入我国2012年国民经济和社会发展计划，作为加快转变经济发展方式的重要工作内容。

温家宝总理在政府报告中指出，2011年我国发布实施了"十二五"节能减排综合性工作方案、控制温室气体排放工作方案和加强环境保护重点工作的意见，并在发展清洁能源发电，加强重点节能环保工程建设，加大对高耗能、高排放和产能过剩行业的调控力度都取得了明显的进展。温总理在政府报告中也如实反映了去年政府工作仍存在的一些缺点和不足，包括节能减排目标没有完成等。

温总理在政府报告中指出，2012年要进一步推进节能减排和生态环境保护，进一步优化能源结构，推进生态建设，建立健全生态补偿机制，促进生态保护和修复，巩固天然林保护、退耕还林还草、退牧还草成果，加强草原生态建设，大力开展植树造林，推进荒漠化、石漠化、坡耕地治理，严格保护江河源、湿地、湖泊等重要生态功能区。加强适应气候变化特别是应对极端气候事件能力建设，提高防灾减灾能力。坚持共同但有区别的责任原则和公平原则，建设性推动应对气候变化国际谈判进程。我们要用行动昭告世界，中国绝不靠牺牲生态环境和人民健康来换取经济增长，我们一定能走出一条生产发展、生活富裕、生态良好的文明发展道路。

国务院总理温家宝在政府工作报告中还提出，要开展碳排放和排污权交易试点。

会上审议的《关于2011年国民经济和社会发展计划执行情况与2012年国民经济和社会发展计划草案的报告》，强调2012年要扎实做好应对气候变化工作，包括要落实"十二五"控制温室气体排放工作方案，推进低碳发展试验试点，探索建立碳排放交易市场，加快建立温室气体排放统计核算体系，实施全社会低碳行动；要积极参与应对气候变化的国际合作；要认真做好联合国可持续发展大会的参会筹备工作。

报告中涉及的节能减排与气候变化问题引起了代表委员们的热议，纷纷发表各自的意见建议，择录部分如下：

全国人大代表、中国工程院院士许健民表示，中国应该继续坚定立场，为推动国际社会减缓和应对气候变化做出应有的努力。

全国政协委员巩汉林呼吁，应对气候变化与每位公民息息相关，每个人都应该从自己能做的每一件小事做起，少开一天车、少亮一盏灯、少用一天空调，都是为节能减排、发展低碳经济做出的一份贡献。

发展中国家之间实施 REDD +
的森林监测能力差距较大

一项研究说，大多数热带发展中国家正在努力监测和报告它们因为森林流失而导致的温室气体排放。发表在 2012 年 5～6 月号的《环境科学与政策》（*Environmental Science and Policy*）杂志的一篇论文说，各国自愿报告它们的 REDD + 实施情况，但是许多国家缺乏使用诸如卫星遥感等关键技术监测森林流失和碳排放的能力。

该研究根据热带发展中国家实施 REDD + 的能力进行了排名，结果发现几乎没有热带发展中国家在 2005～2010 年间改善了它们的监测能力，一些国家甚至失去了这种能力，诸如布基纳法索和莫桑比克。非洲国家是最令人担心的，因为互联网接入不良和卫星覆盖低限制了对数据的获取。与此同时，诸如厄瓜多尔和秘鲁等多山的国家面临着海拔变化显著的地区分析卫星照片的挑战。

99 个被分析的国家中只有 4 个——阿根廷、中国、印度和墨西哥，有非常小的能力差距。这些国家还已经在 2005～2010 年间设法增加了它们的总森林覆盖面积，而差距较大的国家同期森林出现了净流失。

该论文建议前一组国家可以作为"南南"能力建设活动和地区合作举措的顾问，这可能减少获取、处理和分析遥感数据的成本。

该研究还建议国际社会应该向更好地获取卫星数据进行投资，特别是对于非洲和美洲国家。监测森林火灾和脆弱的高碳地区——诸如因为油棕榈和纸浆木种植园而流失的东南亚热带泥炭地系统——也被认为是一个优先事项。

（摘自：科学与发展网络.《热带国家努力参与到 REDD +》）

墨西哥通过国家气候变化法

近日，墨西哥立法机关通过了迄今为止一项最强有力的国家气候变化法。墨西哥的经济规模和二氧化碳排放量在世界上均排名 11 位。据《自然》杂志网站报道，经过 3 年的争论和修改，墨西哥下议院以 128 票支持、10 票反对的结果通过了该法律议案，随后该法案毫无疑义地被参议院通过。不过，新法案包含了很多笼统的条款来缓解气候变化，包括到 2020 年将二氧化碳排放量降低 30%，到 2050 年降低到 2000 年排放量的一半。

而且，新的气候变化法规定，到 2024 年，可再生资源在墨西哥国家能源中所占的比例达到 35%，并且强制要求主要污染企业提供排放报告。同时该法案还提出建立一个委员会来监督实施情况并鼓励发展碳交易计划。虽然该法案最初受到了来自钢铁和水泥行业的阻力，但是仍然在墨西哥两大政党的支持下顺利通过。

有专家称墨西哥的气候变化法反映了有些国家在对联合国的气候协议失望后已经开始实施自己的排放法规。

"这是一个国家级的尝试，而现阶段我们更需要的是保护气候的行动在各个国家出现，而不是在联合国的协商阶段中出现，"美国弗吉尼亚州气候与能源中心副主席 Elliot Diringer 说，"《京都议定书》签订以来，我们发现目前国际制度在推动各国国内立法方面并不十分有效。"

近年来，澳大利亚、韩国和中国等国家也已经纷纷开始采取包括建立碳市场等一系列措施，并制定各自的碳减排标准和目标，来减缓气候变化。

有不少观察家表示，这些将会像《京都议定书》这样的跨国气候协议一样，最终走向失败。但是，也有很多人持乐观的态度。"我认为这些国家的努力有积极的意义。"英国伦敦大学学院地理学家 Mark Maslin 提到。

虽然前景十分乐观，但是这个新气候法可能也会面临像那些国际努力一样的阻碍。"我们很擅长制定法律，但是面临的主要问题在于法律的实施。"墨西哥自然保护政策研究专家 Juan Bezaury 说。他还提到，这个新法律只是墨西哥法律改革的第一步，它涉及环境、能源、人居环境、健康问题以及其他一系列问题。

Bezaury 将该法律与其他一些法律必须套用的框架进行了比照。其中一个框架就是墨西哥的 REDD 政策（致力于减少毁林和土地退化的政策）。该政策为森林中的碳确定了货币价值，并试图给予住在这一地区的人们一定的财政奖励来阻止人们砍伐树木，以便保护原始森林。但是 REDD 项目中的森林碳价值计算模型以及如何运行上述方案等方面备受争议。

"一般来说，预计的碳储蓄是通过模型建立的，但这些模型具有很多不确定性。"墨西哥最大的大学墨西哥国立自治大学（UNAM）的科学家 Ana Pe a del Valle 说，"我们对于买家和卖家分享与 REDD 相关的风险的方式给予了很多关注。因为到目前为止，风险方案更关注于保护买家。"

尽管担心墨西哥对该法律的执法能力，专家依然认为该法案可以被看作是 2010 年联合国坎昆气候变化大会的成功反馈。"那时，墨西哥在坎昆会议上帮助挽回国际努力的行为得到了广泛的认可，但也有人指出其缺乏在国内的相应行动。而现在，墨西哥在国内也作出了相应的努力。"Diringer 说。

（资料来源：科学时报，2012 年 4 月 26 日）

世界银行资助启动"中国气候技术需求评估项目"

2012 年 5 月 29 日，世界银行批准授予了全球环境基金（GEF）一项 500 万美元的"中国气候技术需求评估项目"，以支持中国政府对评估适应气候变化的技术需求。"中国气候技术需求评估项目"将协助中国政府努力加强适应能力和传播气候变化技术。该项目的重点是发展评估技术需要的方法、关键气候技术的空白、相应的全球技术、最佳经验、（消除）选定的部门和省份之间技术转让和部署的阻碍等方面；以及建立技术知识中心。该项目还将包括一个试点方案，以支持中小企业在采购货物和服务所需要的加快气候友好技术的转让、扩散和规模化进程。

（WWW. wordbank. org，2012 - 5 - 3）

第三篇

林业公约动态

联合国环境规划署提出"为建立绿色经济体系" 必须倡导"可持续消费和生产"

近日，联合国环境规划署（UNEP）发布新报告：《可持续消费和生产政策全球展望》（*Global Outlook on Sustainable Consumption and Production Policies*）。报告汇集了众多优秀案例和最佳实践，如全球多边协定、地区战略以及具体的政策和措施。报告还特别关注全球范围内有效的政策和行动案例。

UNEP 执行主任 Achim Steiner 说："实现一个低碳、资源集约和产生就业机会的绿色经济体系是全世界领导人在里约＋20 峰会上将要面临的挑战。"

报告提供了地区概览、对政府、企业和 NGO 三方在推动可持续消费和生产（SCP）方面的具体行动，以及推动方式上面（政策、经济手段、志愿的）都给予了充分的分析。

报告总结了世界各地可持续消费和生产的进展，如非洲地区近期成立的非洲生态标签机制（African Ecolabelling Mechanism）；亚太地区的绿色增长倡议（Green Growth Initiative）已被各国广泛采纳，还有转型亚洲项目（Switch Asia Programme），致力于在中小型企业（SME）中推广可持续消费与生产，并帮助亚洲地区的政策制定者实现向可持续消费与生产方式的转变；拉丁美洲及加勒比海地区（LAC）成立的"可持续消费与生产领域政府专家区域委员会"（Regional Council of Government Expertson SCP），目前确立了四项可持续消费与生产领域的首要任务：各国的可持续消费与生产行动方案、可持续政府采购（SPP）、中小型企业、教育与可持续生活方式；欧盟和欧洲自由贸易联盟（European Free Trade Association）内可持续消费与生产被列为政治议程上的重要事项，《欧洲 2020 战略》（*The Europe 2020 Strategy*）强调"明智、可持续性和包容性增长"（'smart，sustainable and inclusive growth'），其中包括在资源效率方面的一项旗舰计划；西亚地区，相关区域性政府间机构于 2009 年签署了《可持续消费与生产阿拉伯地区战略》（*the Arab Regional Strategy for SCP*），通过诸如"可持续消费与生产阿拉伯地区圆桌会议"（Arab RegionalRoundtable on SCP）等倡议。

报告指出，许多国家均采取了可持续消费与生产行动方案或战略。如欧盟地区的捷克共和国、芬兰、波兰和英国都制定出了各自国家在可持续消费与生产领域的全国性专门行动方案。而在其他一些地区，可持续消费与生产则被纳入其他一些规划流程中。例如，在东南欧地区、东欧、高加索和中亚地区、北美地区和西亚地区，国家层面上的可持续消费与生产规划已成为可持续发展领域现有国家战略或其他中短期发展计划的重要组成部分。

（摘译自：Global Outlook on Sustainable Consumption and Production Policies）

欧洲环境署发布 2012 年管理计划，重视生物多样性、减缓气候变化和农林业等方面的工作

2012 年 1 月，欧洲环境署（EEA）发布了 2012 年管理计划，特别强调水资源管理和联合国可持续发展大会"里约＋20"峰会，并关注三个领域的内容：

在生物多样性领域，重点工作包括如支持即将编制的专门针对外来物种入侵的法律文书、领导欧洲自然信息系统（EUNIS）的扩展、继续支持欧盟 2000 自然保护区工作，包括为连通做贡献和与绿色基础设施发展开展联络；生物多样性作为一种自然资源，对生态系统的功能和弹性非常重要（把其链接到资源效率和绿色经济，以及对 2012 年水域和海洋初步评估蓝图的贡献中）等。

在减缓气候变化领域，重点工作包括如根据欧盟和/或国际立法，更新网络报告系统功能，以适应未来排放报告指导方面的变化；根据修订的欧盟温室气体排放监测机制的决定（EU－MMD）和 2012 年之后《公约》制度可能的变化，支持欧盟委员会和各成员国的执行满足将来 MRV 报告的要求；通过逆模拟和其他 GMES 结果或数据，提高排放清单的验证；支持欧盟参与未来的 UNFCCC 和 IPCC 的进程，包括国际审查行动等。

在农业和林业领域，包括 13 项行动，具体是：①协调欧洲生物多样性信息系统（BISE）加强服务和工具创新的工作，把 BD-DC 和欧洲委员会信息交换机制（EC-CHM）整合；②支持全球环境与安全监测系统（GMES）在土地上的初始运转，把欧盟第七框架计划（FP7）项目信息及进展链接到全球信息中心（GISC）；③支持在高自然价值（HNV）农田和森林上增加生物多样性政策开发的内容，把"农业和农村尺度的领土凝聚力和物种及其生境保护状况的要求"考虑在政策中；④协调"欧洲生物多样性（SEBI）适应指标、2010 年后欧盟和全球生物多样性目标和共同农业政策改革的需要"等三方面，并把协调成果逐步融入 2020 年欧洲发展远景目标中；⑤协调生物多样性政策执行与它的 6 个子目标之间的行动；⑥支持资源效率和绿色经济倡议的联动，认识自然资源利用效率和生态系统的功能和应变力的联系；⑦完成森林 2012 报告；⑧按照遗传资源获取与惠益

分享名古屋协定，支持以非贸易为目的的基因、生物资源使用探索；⑨协作完成2012年气候变化报告；⑩把经合组织(还有联合国粮农组织等)指标应用在农业环境政策分析；⑪国际生物多样性和生态系统服务平台(IPBES)发展与《联合国气候变化框架公约》的链接；⑫开展后续跟踪推进工作，帮助完成全欧洲具有法律约束力的森林协议。

（摘译自：欧洲环境署2012年度管理计划）

联合国环境规划署发布2014~2017年中期战略草案

2012年1月27日，联合国环境规划署(UNEP)发布了2014~2017年中期战略草案，其中提出了关注的7大环境焦点问题，并提出了环境署的六条推动措施。

这7大焦点问题包括：一是气候变化。总目标是各国具有气候复原能力并迈向低排放路径，能维系可持续发展和提高人类福祉。期望实现四个成效：①气候复原能力，即以生态系统为本的支持性适应气候变化措施被纳入国家适应战略中；②低排放增长，即提高能源效率、增加可再生能源的使用；③REDD＋，即推动致力于减少毁林和森林退化国家的REDD＋战略和融资办法的变革，产生生物多样性保护和维持生计多方面的效益；④气候治理，即提高各国贯彻《公约》义务的能力；二是灾害和冲突。总目标是各国可持续利用自然资源并减少环境退化，以保护人类福祉受环境灾害和冲突更少的影响。期望实现灾害风险下降和反应和恢复能力提高两个成效；三是生态系统管理。总目标是各国重视土地、水和生物资源的综合管理，以提高生态系统可持续地、公平地提供服务的能力。期望实现四个成效：①提高生产水平，即更多采用生态系统综合管理办法，把水、农业产品和食物获取更多地纳入环境管理中思考；②连接性，即通过增加连接性管理办法的应用，提高海洋和陆地生态系统及其服务的保护和复原能力；③优化评估和激励措施，即把生态系统服务经济激励和价值评价方法纳入国家发展和经济规划中；④提高治理水平，即为加强综合生态系统管理和把生物多样性纳入有关的多边环境协定创造有利环境；四是环境治理；五是化学物和废弃物；六是资源效率；七是继续推动环境评估。

这6条措施包括：一是利用健全的科学政策。规划署将侧重于以各国需求为导向的环境评估和分析，提供预警信息并为决策提供分析，以及开发有关的规范和准则；二是提供法律和政策支持。环境署专注于应特定国家要求，开发全球的、区域的和国家层面的环境法律和政策。为推进有关国际环境协定，开发相关的法律准则。还包括在体制建设的关键领域，为政府政策提供咨询；三是把环境可持续发展纳入国家政策框架中；四是加大宣传；五是在国家和区域一级试验创新的环境问题解决方案和技术，在此基础上通过伙伴关系扩大测试规模；六是为有关环境问题的融资提供更为便利的帮助。

（资料来源：UNEP，2012 年 3 月 7 日）

联合国环境署力促"生物多样性和生态系统服务政府间科学政策平台"正式诞生

2012 年 4 月 22 日，在联合国环境规划署于巴拿马城召开的一次会议上，各国代表完成了历时 4 年的谈判，一致同意成立"生物多样性和生态系统服务政府间科学政策平台"（Intergovernmental Science-Policy Platform on Biodiversity and Ecosystem Services，IPBES）及相关技术细节。该平台是一个类似于联合国气候变化专门委员会（IPCC）的政府间机构，其宗旨在于确认政策制定者所需的重要科学信息，促进知识研发；对生物多样性和生态系统服务的知识及其关联性进行定期和及时评估；识别相关工具和方法，支持政策的制定与执行；关注重要能力培养，对首要领域活动优先予以资金支持。

联合国环境规划署的两位专家 Ibrahim Thiaw 和 Richard Munang 撰文分析了该平台的政策含义。他们认为，迄今为止，由于"关于农业、林业、渔业和能源的重要的"部门政策，未把生物多样性纳入其中作为主旋律决策，是导致生物多样性持续丧失的主因之一。他们提出，为推动各部门制定政策时更重视生物多样性保护，该平台应着力推进以下三项工作：

一是在地方和国家层面加强生态系统和生物多样性治理和机构建设，作为支持有效政策开发的基础。

二是认识到生物多样性丧失和生态系统退化的主要驱动原因之一是经济，并且认识到过去对生物多样性和生态系统评价的空白，是市场失败的表现。例如，从短期利益出发，土地用于其他目的更有利可图，导致了毁林；在商品生产里，水资源利用的环境成本并未被添加到消费者的采购成本中。因此，为政策提供有效信息的科学评估，应该对生物多样性和生态系统提供的服务的长期价值，给予比短期价值更多的奖励。

三是基于高质量信息重新设计并实施变革。现有的生物多样性和生态系统监测和评估方案是不完整的，或仅集成了部分内容。对生物多样性和生态系统研究和监测所花的费用，并未反映它们为全球经济所提供服务的真实价值。需要对科学给予更多的支持，以帮助其为"指导政策决策和监测实施的全面的、科学为基础的"管理方法提供科学基础。因此，有必要基于以下四个标准，制定和评价经济和政策机制：长期的环境有效性、平等性、成本有效性和政策组合的体制相容性。

（摘译自：Establishment of IPBES：Implications for Global，Regional and National Policy）

联合国开发计划署提出"促进绿色农业"，
并认为再造林增碳汇是重要措施之一

2012 年 5 月 10 日，联合国开发计划署（UNDP）发布针对亚太地区的报告——《一个共享的星球：气候变化下可持续人类进步》。报告强调，为实现向绿色经济转变，亚太地区国家需要转变包括能源、工业和农业部门在内的生产模式。报告针对亚太地区如何适应低碳发展路径，提出了"促进绿色农业、打造绿色城市、提高农村应变力"等政策建议。在"促进绿色农业"的建议部分，报告认为，中国通过再造林增加碳汇的做法得到多数亚太地区国家的认可，这一做法可成为亚太地区促进绿色农业的措施之一，此外该地区印度的免耕农业（Farming with Zero-tillage）也是值得推荐的做法。在"打造绿色城市"建议部分，报告指出，全球 1000 万人口以上的城市前 20 名中，约有一半在亚洲，亚太城市绿色低碳发展不利的一面是人口稠密、排放高且很多城市处于容易受到气候变化灾害影响的低海拔地区，有利的一面是很多城市是经济、政治和文化中心，利于开发低碳发展战略和政策。报告认为要通过鼓励气候友好型能源的使用、提高交通能效、加强绿色建筑和优化废物管理等，打造绿色城市。在"提高农村应变力"建议部分，报告认为亚太地区差不多有 7 亿人生活在极其贫困的状态，他们极易受到气候变化的影响，农村收到的资金和服务支持较少。报告建议要加强生态系统服务评价、探索以自然为基础的解决方法、奖励生态系统的经营管理者、构筑安全网等。报告认为，自然资源的应变力有助于提高农村的应变力，管理良好的生态系统能保护流域和缓冲山体滑坡等自然灾害，为提高自然资源应变力报告倡议社区森林管理

模式和重视保护区价值。报告认为 REDD + 为生态系统服务付费探索新的形式，建议各国为实施 REDD + 做好准备，如在 REDD + 国家实施战略中，需把地方土地利用的选项纳入国家经济发展框架中，另外要设计好照顾贫困人群和原住民的利益分享机制。

（摘译自：ASIA – PACIFIC HUMAN DEVELOPMENT REPORT TEAM One Planet to Share Sustaining Human Progress in a Changing Climate）

国际重要湿地公约秘书处发布
该公约第 11 次缔约方大会决议

2012 年 4 月，《国际重要湿地公约》即《拉姆萨尔公约》（*Ramsar Convention*）秘书处发布该公约第 11 次缔约方大会决议。决议强调：（湿地保护）的财务和决算事项；调整为执行 2013 ~ 2015 年 3 年战略计划而调整 2009 ~ 2015 年战略计划；（评估）拉姆萨尔国际重要湿地名单中湿地的现状；简化工作程序，（缔约国）在指定的时间内完成描述拉姆萨尔湿地名单；拉姆萨尔信息表（RIS）——2012 年修订；对（1971 年的）拉姆萨尔国际重要湿地名单发展的战略指导原则和框架——2012 年修订；气候变化和湿地：拉姆萨尔公约的内涵；农业湿地之间的相互作用；水稻和农药的使用；确保对公约提供高效的科学和技术咨询和支持；科学和技术对公约未来三年（2013 ~ 2015 年）的含义等内容。

（摘译自：Draft Ramsar COP 11 Resolutions Released）

国际重要湿地公约发布"湿地与
人类健康相互作用"的报告

今年 3 月 1 日，国际重要湿地公约即拉姆萨尔公约（Ramsar Convention）联合世界卫生组织（WHO）发布了全称为《健康的湿地，健康的人：对湿地和人类健康相互作用的评估》的报告。该报告指出，湿地对人类健康的作用表现在：一是提供健康和卫生的饮用水。目前全球疾病总负担的 10% 是可以通过饮用水、卫生设施和水质管理有效阻止的。湿地系统提供了先进的水处理服务，湿地植物能提取和同化污染物和病原体；二是保障粮食安全。湿地能确保粮食供给、为食物提供充足养分以及湿地生物提供遗传物质资源等，满足人体健康核心要求的世界上主要食品来自湿地生态系统。水稻是世界上一半以上的人依赖的成熟的食物品种，生长在广泛的环境中，这些环境的绝大部分是湿地。水稻占用了世界灌溉水的 35% ~ 45%。内陆渔业和水产养殖业产量是世界上鱼产量的 25%，它们对于人类的营养价值不可缺少；三是维持生计和生活模式选择；四是减少暴露于疾病的风险。此外，湿地还具有其他有效的促进健康功能。

（摘译自：Healthy wetlands，healthy people　A review of wetlands and human health interactions）

联合国粮农组织认为亚太地区
生物多样性保护面临四大挑战

联合国粮农组织"面向 2020 年的亚太森林和林业"2012 年 4 月发布森林政策简报，认为亚太地区最重要的陆地生物多样性包含在森林，虽然其他森林也很重要，但保护区是生物多样性保护的主体。简报分析了亚太生物多样性保护面临的四个挑战：一是保护区管理的资金和能力仍很匮乏；二是保护工作通常聚焦在被定义为保护区的土地或森林上，而保护区外的生物多样性保护几乎没有受到关注；三是快速的经济增长和越来越强的农业用地需求，既需要满足出口市场也需要满足不断增长的国内人口的需求，导致了对（保护区）的加速侵入；四是基础设施、大坝和采矿活动的快速扩张对许多保护区产生重大的负面影响。

（摘译自：ASIA – PACIFIC FORESTS AND FORESTRY TO 2020　The Forest Biodiversity Challenge）

欧盟评估其向绿色经济转型方面取得的进展

2012 年 5 月 16 日，欧洲环境署（EEA）发布《2012 年环境指数》报告，评估了欧盟向绿色经济转型的进程。报告指出，欧洲的环境政策提高了资源利用效率，但是它们还没有产生生态系统应变力，而这两者都是欧洲实现绿色经济和可持续发展的核心表现。

报告提出了两类指标：一类是说明提高资源利用效率的指标；另一类是描绘环境风险转移阈值指标。报告侧重于六个主题：氮排放量及其对生物多样性的威胁；碳排放和气候变化；空气污染和空气质量；海洋环境问题；水资源压力；物质资源和废物利用。报告识别了一些主要挑战，如在减少国内温室气体（GHG）排放的同时，却增加了全球温室气体排放；由于过度捕捞和运输对海洋环境产生的压力；水分胁迫①对生态系统的影响。

（摘译自：EEA Report Assesses Progress Towards a Green Economy in Europe）

欧盟委员会发布欧洲生物经济战略

"生物经济"是指一种经济模式，它充分利用地球上的生物质资源以及废弃物，作为食品、饲料以及工业和能源生产的原料。今年 2 月，欧盟委员会发布一份名为《"创新可持续发展：欧洲生物经济"战略》（Strategy for "Innovating for Sustainable Growth：A Bioeconomy for Europe"）的文件，指出为了应对人口持续增长、多种资源快速耗竭、不断增加的环境压力和气候变化问题，欧盟需要根本性扭转生物资源的生产、消费、加工、回收和配置模式。欧洲 2020 战略呼吁生物经济作为欧洲智能和绿色增长的核心要素。随着世界人口在 2050 年将达到 90 亿，欧盟需要更多的可再生生物资源以确保自身的食品、饲料、原材料、能源以及其他产品安全。欧洲"生物经济战略"满足可持续农业和渔业、粮食安全以及工业用途可再生生物资源可持续利用的需要，

---

① 水分胁迫（Water Stress）是指因土壤水分不足或外液的渗透压高，植物可利用水分缺乏而生长明显受到抑制的现象。

与此同时，确保生物多样性和注重环境保护。欧盟生物经济分析人类面临的六大挑战，认为生物经济视角的森林可持续经营对于应对第六项挑战(即全球可持续发展挑战)，具有重大作用，理由在于：森林可持续经营在经济、社会和环境因素间寻求平衡，在同一个林区它能创造更多的经济活动范围。沿着森林产品价值链创造的收入对于支持和发展农村经济具有重要作用。目前，欧盟生物经济年产值接近两万亿欧元，包括农业、林业、渔业、食品、纸浆和纸张生产，以及部分化学、生物技术和能源产业等部门，其中，林业和木材产业每年产值为 2690 亿欧元，雇佣 300 万人，分别占欧洲生物产业年度产值的 12.95% 和欧洲生物经济产业工人总数的 13.63%；纸和纸浆产业每年产值为 3750 亿欧元，雇佣 180 万人，分别占欧洲生物产业年度产值的 18.05% 和欧洲生物经济产业工人总数的 8.18%。《"创新可持续发展：欧洲生物经济"战略》提出 3 大行动(共计包括 12 个小项行动)：一是加强研究、创新和技能投资，如在(欧盟)"地平线 2020"中概要列举食品、可持续农业和林业以及海洋和海上活动主要的研究和创新的概念和优先领域；二是推动决策者和利益相关者更加紧密地合作；三是开发生物经济市场，提高生物经济竞争力。

(摘译自：Innovating for Sustainable Growth：A Bioeconomy for Europe)

世界自然保护联盟(IUCN)提出要关注气候变化背景下的森林、粮食安全和融资问题

　　2011 年年底，世界自然保护联盟(IUCN)在南非组织了关于"气候变化背景下的森林、粮食安全和融资问题"的区域论坛会议，并将在今年继续组织针对该问题的后续会议，为里约 20 周年峰会建言。该组织估计，非洲 5.9 亿人依赖森林存活，森林为无家可归者或贫困家庭提供了 20% 的可支配收入，森林提供的木材的 85% 用于农村和城市居民的燃料。该次会议关于粮食安全，关注四个问题：一是粮食安全和生物多样性问题，把粮食安全与生态系统和生态系统可持续管理结合考虑；二是正确理解粮食安全问题，(粮食安全)需求和供给的驱动因素及(粮食安全问题)对森林的影响；三是为了农业创新和生产的改进，讨论基于森林的研究和技术(支撑)；四是(认识)生物燃料的迷惑性。

(摘译自：Forests，Food Security and Financing in a Changing Climate)

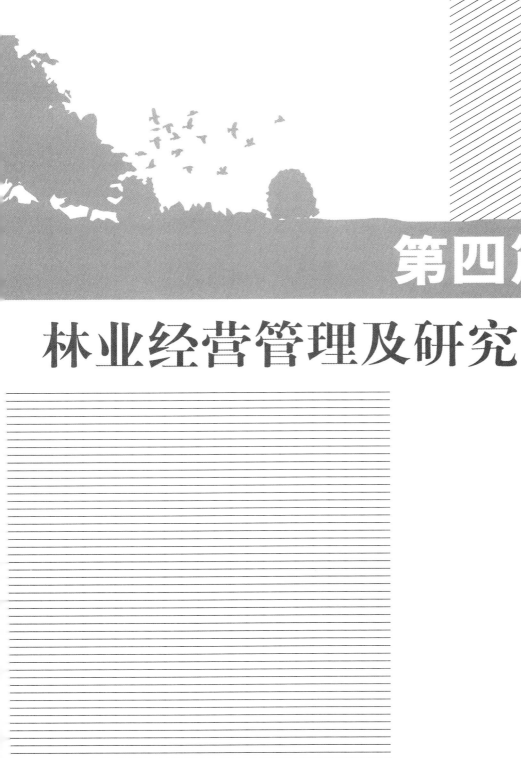

第四篇

林业经营管理及研究

森林可持续经营

联合国环境署分析亚太环境形势
多项内容和对策建议涉及我国

2012 年 9 月 4 日，联合国环境规划署发布《全球环境展望 5》(中文版)报告，其中涉及了与中国有关的研究成果、分析了世界环境形势以及应采取的政策措施。

一、《全球环境展望 5》(中文版)与我国有关的研究成果

其中该报告中与我国有关的内容包括两大部分：

一是关于中国的研究结果。包括：①在中国，由于大量的供水和卫生基础设施需求，城市的发展导致洁净水资源不断减少。②为了改善环境足迹，中国和印度等新兴经济需要将其生产效率分别提高 2.9% 和 2.2%。否则的话，到 2015 年，单这两个国家预计就会占用全球环境足迹的 37%。③2005～2009 年，世界煤炭生产每年以 3%～5% 的速度增长，其中中国的煤炭生产在 2009 年比 2008 年增长了 16%，在全世界 30.5 亿吨的煤炭生产总量中，占比达到 44%。④同 2005 年相比，到 2030 年，与运输相关的二氧化碳排放预计将增长 57%，其中中国和印度排放量的比重将超过一半。

二是列举了中国等国可持续政策的一些实例：①中国、印度和印度尼西亚已经采取了降低和取消化石燃料补贴的政策，目的是降低国家预算负担和

化石燃料对环境的破坏。这类政策还将为替代性能源的发展带来机遇。②中国正在实施世界上最大规模的生态系统服务付费计划。自1999年以来，超过150美元的资金被用于将900万公顷的农田退耕还草和退耕还林。目前为止，已有20亿美元被投资于一项森林生态补偿基金当中，该基金为当地政府和社区保护重要的林区提供支持，目前该林区的覆盖面积已经达到4400万公顷。③中国政府制定了国民经济和社会发展的第12个五年规划（2011~2015年），该规划包括了相对于2010年的水平而言将能源消耗强度降低16%，碳排放强度降低17%，森林积蓄量提高6%，以及森林覆盖率上升1.3%的目标。

二、亚洲和太平洋地区的环境形势

亚洲和太平洋地区已经成为世界经济增长的引擎，但该区域内部还有很大差别。中国是世界上最大的二氧化碳排放国，而大部分太平洋岛国则属于二氧化碳排放最少的国家。水资源禀赋问题涉及范围广大，从严重干旱的温带地区和受淡水困扰的小岛屿国家到喜马拉雅雪原和雨水丰富的热带地区。环境治理的制度和机制具有广泛的多样性。该区域面临的挑战包括：解除数百万人的贫困、正确处理全球化进程带来的问题、处理某些受污染最严重地带的问题。

因为该区域是世界上发展速度最快的温室气体排放源，所以决定实行支持碳中和、可再生能源利用、资源保护和提高能效的政策对全球解决气候变化努力的成功至关重要。

世界上受气候变化影响风险最大的国家有10个。其中6个位于亚太地区。重要行动领域包括气候变化适应和减灾避险、气候变化适应措施纳入发展政策和计划、基于生态系统的适应能力、抵御气候变化的基础设施。在马尔代夫，为因海平面上升而迁徙的居民建设移居点的研究工作一直在继续。同时，通过多项支持政策的实施，各岛屿的恢复力也有提高。这些支持措施包括：植树造林、改善排水系统、补充天然高地、加固海滩、种植红树、培育珊瑚礁等（GEF 2009）。

亚太地区的新兴经济体正在对自然资源和生态系统服务形成巨大压力。尽管通过扩大保护区，保护自然物种、消除生物多样性丧失的直接驱动力、实施基于社区的管理和金融创新等措施取得了一些进步，但这些努力的程度还不足以解决当前存在的生物多样性和生境丧失问题。

该区域许多政策的成功都有其特定的环境。因此，在复制和仿效某项政策时，需要对基本的政治、文化、经济和社会环境以及他们对政策实施和成功的影响力进行认识分析。创造必要的环境与选择正确的政策组合同等重要。

三、生物多样性等方面应采取的政策措施

（一）生物多样性

成功的政策措施包括：将市场机制引入生态系统服务，包括生态系统服务付费和减少砍伐森林和森林退化导致的温室气体排放（REDD＋）；建立跨国界生物多样性保护区和野生动物走廊；社区参与和管理；可持续农业经营。

（二）土地

成功的政策选择包括：流域综合管理；提高城市资源效率；保护基础农业用地；加强森林管理；实行生态系统服务付费制度；减少砍伐森林和森林退化导致的温室气体排放（REDD＋）；建立林牧复合生态系统。

（三）气候变化

已经在实施的有希望的气候变化政策包括：取消有害环境的补贴，特别是对化石燃料的补贴；征收碳税；激励碳封存林业；排放交易方案；气候保险；能力建设和融资；气候变化预防和适应，如适应气候变化的基础设施。

（摘自：《全球环境展望5》（中文版），UNEP，2012）

联合国环境规划署理事会发布 GEO-5 决策者概要

全球环境展望（GEO）最新报告——GEO-5 决策者概要报告于 2 月正式发布。分析了全球环境状况及趋势，并为实现国际共识目标的政策行动提供了选择。决策者概要是将在六月初（里约会议20周年峰会之前）围绕世界环境日在巴西推出的完整报告——全球环境展望（GEO-5）的序言。概要报告警告说，以下国际共识目标只能部分实现的话，全球环境状况将会持续恶化：

——避免气候变化的不利影响是国际社会面临的最严峻的挑战之一。

——特别在热带地区，森林损失率仍然高得惊人。

——今天，世界人口居住地80%的水资源安全受到高度威胁，直接影响34亿人口，其中大多数在发展中国家。

——至少415处沿海地区已呈现出严重的富营养化，而其中只有13处正在得到恢复。

——超过2/3的物种面临灭绝的危险。自1970年以来，脊椎动物种群已减少了30%，退化已导致自然栖息地下降20%。

决策者概要呼吁政策应强调环境变化的潜在驱动力（如人口增长、消费和生

产、城市化的消极方面），而不仅仅集中在减少环境压力或症状方面。建议包括：

  ——为决策者提供及时而准确的数据；

  ——撤销那些产生不可持续结果的政策；

  ——建立激励机制，以推动可持续实践；

  ——政府应采取紧迫、强有力及合作的行动，以实现国际共识目标；

  ——加强信息获取；

  ——民间组织、私营部门和其它相关行动者参与决策过程。

（摘译自：GEO-5 Summary for Policy Makers Released at UNEP Governing Council 和《科学研究动态监测快报》）

世界自然基金会报告称 2030 年人类需要两个地球 专章分析全球森林状况

2030 年人类需要两个地球

  世界自然基金会（WWF）于 5 月 15 日发布《地球生命力报告（2012）》，指出：随着人口的增长，人类对资源的需求正在不断增加，给地球的生物多样性带来巨大压力，并威胁着我们未来的安全、健康和福祉。《地球生命力报告》每两年发布一次，是一份记录地球健康状况的前沿报告，由世界自然基金会与伦敦动物学学会（ZSL）和全球足迹网络（GFN）合作完成。

  《地球生命力报告》的结论基于以下两个关键指标：一个是地球生命力指数——该指数通过追踪 1970 年后 2688 种脊椎物种的 9000 多个种群的动态趋势，来评估地球生态系统的健康状况。另一个是生态足迹——通过对人类需求和地球可再生能力进行比较，来追踪人类对生物圈的竞争性需求。其中，人类需求被转化为全球公顷（gha）——代表全球平均生产力和二氧化碳吸收能力的单位土地面积。报告称，过去 40 年，地球生命力下降了 28%，处于"很不健康"的状态。报告显示，1970～2008 年，地球生命力指数下降了 28%，其中热带的低收入国家下降了 61%，是重灾区；而温带地区地球生命力指数在同期则上升了 31%。在生物多样性不断丧失的同时，人类的生态足迹——在本报告中用来说明人类对自然资源需求的重要指数——已经超过了地球生态系统的供给能力。

  "当前，我们的生活方式过度消耗了自然资源，人们似乎认为还有另外一个地球可资利用。我们使用的资源量超过了地球供给的 50%。如果不改变这一趋势，这个数字会增长得更快，到 2030 年，即使两个地球也不能满足我们的需求，"WWF 全球总干事吉姆·利普（Jim Leape）指出。

森林现状不容乐观

由于缺少全球性的公约来保护森林生态系统，虽然部分国家做出了努力，全球森林覆盖面积在里约会议后的 20 年中仍然减少了 300 万平方公里，相当于整个印度的国土面积（UNEP，2011）。好在第二个 10 年中减少的面积比第一个 10 年中的少，这表明毁林的速率可能正在放缓。一些国家，包括美国、欧洲部分国家、哥斯达黎加、中国及印度的森林面积已经开始回升（WWF，2012）。此外，巴西亚马孙地区的森林在经过 10 年的惨重损失后，砍伐速率比 2004 年下降了 70%。目前以遏制森林丧失为目标的可持续管理认证体系覆盖全球大约 10% 的森林，但是极少数高生产力热带雨林的可持续管理认证仍然不够（UNEP，2011）。在过去的 20 年中，大约有 1/3 的天然林损失被转化为人工林，使得后者增加了 54%（UNEP，2011）。同时，全球性的森林保护协议最终会在目前的气候谈判过程中产生。森林砍伐是 CO_2 排放的一个主要源头，因此，在 REDD +（减少毁林和林地退化造成的排放）框架下，对国家和社区的森林保护给予补偿的设想，能够为降低全球 CO_2 排放量和保护全球森林提供清晰的资金流（UNEP，2011）。1992 年地球峰会所制定的环境议程也使得其它保护措施得以可持续地实行。例如，自里约会议以来，国家公园或其它方式下的陆地保护面积从陆地总面积的 9% 增长到了 13%（UNEP，2011）。

对"里约 +20"峰会的期待

本报告的发布距联合国可持续发展大会（"里约 +20"峰会）的召开仅有 5 周时间。在指出人类面临的资源环境挑战的同时，报告认为，"里约 +20"峰会是引领人类走向可持续未来的重要契机，全球首脑应该为实现"人人拥有水、食物和能源"、发展绿色经济、保护自然财富做出政治承诺。

"地球生命力报告中明确指出了人类所面临的挑战，"吉姆·利普说，"'里约 +20'峰会可以并必须成为政府转向新的发展路径、走向可持续发展的历史时刻。政府（包括城市政府）和工商界应利用这个独一无二的契机，共同携手做出承诺，为保持一个生机勃勃的地球发挥重要作用。"

（资料来源：WWF 新闻，2012 年 5 月 15 日；《地球生命力报告 2012》）

欧洲国有林协会等向"欧洲森林形成有法律约束力协议"政府间谈判委员会提出林业应该且能够成为欧洲发展绿色经济的支柱之一

2011 年 6 月举行的森林欧洲部长级会议提出建立磋商机制以制定欧洲森林具有法律约束力的协议，为推动磋商工作，成立了政府间谈判委员会（INC）。2012 年 2 月 27 日至 3 月 2 日，政府间谈判委员会举行了第一次会议，欧洲国有林协会（European State Forest Association）、南欧林主联盟（Union of Foresters of Southern Europe）、欧洲林地所有者大会（Confederation of European Forest Owners，CEPF）和欧洲土地管理者组织（European Landowners Organization）等机构为会议提出了如下四条主要观点：一是增强欧洲绿色经济的森林可持续经营。只有经营的自然资源才能支撑绿色经济的实施。森林可持续经营支持合法的、可持续的采伐活动同时确保对林业产业和其他用户充足的原料供给。森林的经济功能在培育绿色经济方面具有关键作用。绿色就业机会和收入的生产和维持、农村发展、林业部门长期的经济活力和竞争力，要求主动和可持续的森林经营，以及木材的升级推广利用。另外，人工林产量供给的增加有助于满足正在增长的木材需求。如果生物质能源生产和利用不提高的话，欧洲 2020 战略难以实现。欧洲以森林为基础的部门利用它们在可持续森林经营和工业木材加工方面的长期经验，承诺充当绿色经济的主要支柱之一，并保障充分开发它在绿色就业和生计、能源效率和温室气体减排等方面的优势；二是森林的多重功能才能确保对社会提供多重效益。欧洲森林经常在相同的时间和地点，提供多重的、紧密联系的社会、经济和环境方面的效益。保障森林的多功能需要一个基本的经济基础和健康、健全的经营和政策决策方法。可持续森林经营平衡各方面利益，提供了一个坚实的基础；三是利用基于森林的部门在减缓气候变化方面的所有效益。森林是解决气候变化问题的方案中的一个部分。但仅仅可持续经营的森林以及带动下游产业优化开发木材为多种林产品的森林，才是有效应对气候变化的部门。林业对欧洲温室气体减排作出重大贡献，如森林生态系统和木质林产品碳储存、化石燃料和能源的木材替代等。欧洲减缓气候变化战略的重要手段之一就是要通过造林促进森林生长和林木生长、实施主动的和可持续的森林经营、增加木材生产和利用达到最大化替代效应；四是生物多样性和森林保护性功能——森林可持续经营的核心要素。欧洲森林根据满足社会需求的思路经营。因此，森林改变和破碎化。过去几十年，欧洲森林经营向融合生物多样性和景观两方面迈进。天然更新和混交树种越来越多地被利用。根据森林欧洲组织和森林可持续经营概念定义的一套融合了生产和保护的多功能方法，已用来处理欧洲森林和生物多样性保护问题。新的自愿保护工具已经证明是有效的，它使森林所有者在森林经营中以积极姿态开展生物多样性保护工作。森林对社会提供了多重生态系统服务功能，并有助于经济发展和欧洲人今天享受的福利。改善森林生态系统服务（如生物多样性、水质净化和管理等）价值评估和市场化，对欧洲森林资源多方面平衡利用，能提供显著有效的推动力。

（摘译自：A Joint Contribution of European Forest Owners to the First Session of the Intergovernmental Negotiating Committee on a Legally Binding Agreement on Forests in Europe）

欧洲经济委员会统计表明
木材已成为欧盟可再生能源供给的主要来源

据联合国欧洲经济委员会（UNECE）下辖的森林部 2012 年 2 月出版的第 30 期信息稿，2009 年欧洲经济委员会的统计数据显示，木材能源占欧洲初级能源总供给（total primary energy supply）的 3%，占可再生能源总供给（renewable energy supply）的 47%，木材在可再生能源中占据重要地位。木材涵盖了瑞典、芬兰和爱沙尼亚能源需求总量的 20%，并为北欧、波罗的海国家、塞尔维亚和捷克共和国供应一半以上的可持续能源。本地区能调动的木质生物量中有 44% 用于能源开发。以上表明，木材已成为欧盟可再生能源的主要力量。

（摘译自：Wood confirmed as the primary source of renewable energy in Europe）

欧洲森林具有法律约束力协议谈判取得进展

2012 年 9 月 3~7 日，欧洲森林具有法律约束力协议的政府间谈判委员会第二届会议（INC – Forests 2）在德国波恩举行，结束了关于《欧洲森林多边法律约束力协议》（*Multilateral Legally Binding Agreement*）草案文本的首读及二读。草案讨论收到特别关注的领域是对一般性条款部分和合规性部分进行调整和充实。对于前者（一般性条款部分），决定按照 1994 年赫尔辛基森林欧洲会议上采纳的 6 个森林可持续经营指标，重构本部分。对于后者（合规性），欧盟和挪威提出了详细的文字建议，欧盟委员会决定邀请其他代表团提出这样的建议，并利用这些作为欧洲森林具有法律约束力协议的政府间谈判委员会第三届会议（INC – Forests 3）谈判的基础，而不是请主席团起草新的文本作为下一届会议的谈判基础。

本届会议还讨论了（2011）森林欧洲奥斯陆部长级会议分配给它的任务：是否采用《欧洲森林法律约束力协议》（LBA）作为森林欧洲（FOREST EUROPE）的条约；或森林欧洲批准采纳一个由联合国框架制定（brought under the UN umbrella）和联合国机构提供服务的（法律）协议。这个问题与许多代表的愿望——法律约束力协议对于非"森林欧洲"国家的开放签署和批准，而不仅仅适用于欧洲森林——紧密联系在一起。最后，委员会要求其秘书处详细分析第三届会议的选项。

（摘译自：Bonn Negotiations Make Progress Toward Legally Binding Agreement on Forests）

新西兰森林所有者协会编制完成
《新西兰林业科学和创新计划》

今年 1 月，新西兰森林所有者协会编制发布了《新西兰林业科学和创新计划》。该书共 13 章，内容依次为：①前言，②联系到市场，③执行摘要，④新西兰人工林远景，⑤林业部门定义，⑥现状——新西兰林业在世界的位置，⑦新西兰林业部门的潜力，⑧市场动力，⑨研究对实现潜力的贡献，⑩研究计划，⑪战略目标，⑫期望的结果，⑬执行战略。

书中提出了三大战略目标及其优先领域：第一个战略目标是提高生产力和产品的一致性。实现该目标的优先领域包括减少辐射叶部病害发生，特别聚焦于叶部病害抵抗和更为快速的早期品种选育方法研究；打造聚焦辐射松生理研究的国际研究财团；转基因具有很大风险，目前应该由政府支持，提倡政府支持利用植物自身载体和 DNA 序列进行分子育种的"Intragenics"技术、控制野生植物蔓延的基因工程研究等；第二个战略目标是保持可持续性。实现该目标的优先领域包括在遥感领域取得重大突破，实现既降低成本又提高森林健康和环境监测效果的目标；研发特别着眼于更具成本效益的遥感技术，在森林资源清查提供更高的精度（如树高和蓄积量估计），以及远程测量木材质量参数的精度；生物安全、环境和森林生长监测技术；道格拉斯冷杉、红松等两种选育；分析并确证林业参与国际市场的优劣势，急需保障市场活力和竞争力；农村防火研究等；第三个战略目标是提高目前的操作绩效。该目标优先领域是减少陡峭地采伐成本，力争每年实现经济效益 5000 万美元；获得更多的供应链收益，即从高附加值制造业分享更多的利润等。

（摘译自：New Zealand Forestry Science and Innovation Plan）

ITTO 与日本合作开展热带森林可持续经营能力建设项目

2012 年 1 月 25 日，国际热带木材组织（ITTO）和日本政府签署谅解备忘录，由日本向非洲刚果盆地的 5 个国家供资 360 万美元支持开展森林可持续经营和生物多样性保护的能力建设项目。项目由中部非洲林业和环境培训机构网（RIFFEAC）负责执行。项目预计将提高各 5 国执行（2009 年由国际热带木材组织和世界自然保护联盟（IUCN）共同设计的）热带产材林地区生物多样性保护基本原则的能力。预期在 2016 年培训出 250 名能传授生物多样性友好的森林可持续经营规划和技术人才。

（资料来源：www. cbd. int/doc/press/2012/pr-2012-01-25-ITTO-en. pdf）

林下经济发展

联合国粮农组织提醒要关注林业权属治理问题以确保国家粮食安全

2012 年 3 月，联合国粮农组织发布《国家粮食安全内涵下的土地、渔业和森林权属负责任治理自愿准则》，该准则旨在为改进土地、渔业和森林权属治理提供参考，实现保障人人均享粮食安全的目标，并支持在国家粮食安全内涵下获取充足食物的权利。该准则认为，目前人民和社区获得土地、渔业和森林资源的权属管理依据既有建立在成文的法律和政策基础上的制度，也有以不成文的习惯和做法为基础的制度。随着全球不断增长的人口对粮食安全提出的要求，而同时环境退化和气候变化又导致土地、渔业和森林资源减少，权属制度压力倍增。权属权利不足或不稳定、不清楚问题会加重贫困和饥饿问题，还可能由于不同人群争夺资源导致冲突和环境退化。优良的权属治理办法有助于解决以上问题。该准则主要内容分为七大部分：1. 序言，2. 一般性事项，3. 权属权利和义务的法律认定和分配，4. 权属权利和义务的转让及其他变更，5. 权属的行政管理，6. 对气候变化紧急情况的反应，7. 推进、实施、监测和评价。

（摘译自：Voluntary Guidelines on the Responsible Governance of Tenure of Land, Fisheries and Forests in the Context of National Food Security）

联合国粮农组织推介农林优良做法以保障粮食安全

2012年2月底，联合国粮农组织公布名为《生物能源原料生产的环境优良做法：确保生物能源为气候和粮食安全作出贡献》的一套指导性文件，是供政府决策使用的政策工具，以帮助农村社区从生物能源发展受益，确保生物燃料作物的生产不影响粮食安全。该文件基于粮农组织的生物能源和食品安全标准和指标（BEFSCI）项目成果，文件主要内容包括：评估生物能源生产的环境和社会经济影响的指标，推荐好的方法，促进生物能源的可持续发展和政策措施。

在该文件第三章"可持续实地农业和林业优良做法"中提出了基于社区的森林经营、植物遗传资源的保护和可持续利用、森林缓冲区、病虫害综合治理和可持续森林采伐等方面的林业优良做法。

（摘译自：Good Environmental Practices in Bioenergy Feedstock Production Making Bioenergy Work for Climate and Food Security）

美、加两国合作开展"提高水质、控制土壤侵蚀和提高农业产量"的混农林业

2012年4月17日，美国农业部长汤姆·维尔萨克（Tom Vilsack）宣布美国农业部将加强与加拿大农业部的合作，共同推动"提高水质、控制土壤侵蚀和提高农业产量"的混农林业。汤姆·维尔萨克说："我们支持把混农林业作为一种土地管理办法，因为它帮助土地所有者实现自然资源管理的目标，如清洁的水和具有生产力的土壤。混农林业确实做了很多。清洁的水是一种珍贵的天然资源。连续和供应充足的清洁水直接关系到美国的经济成就。"

建立合作伙伴关系的谅解备忘录，允许美国农业部全国混农林业中心（由美国农业部林务局和农业部自然资源保护局共同主办）和加拿大农业环境事务部（AESB）农林业发展中心加强合作，推进研究和开发，包括开发北美洲温带地区减缓和适应气候变化的先进工具。

（摘译自：USDA Partners with Canada to Increase Use of Agroforestry Practices by Landowners）

美国森林生态旅游潜力巨大
产生经济、健康和文化多种效益

2012 年 7 月 26 日，美国林务局公布了一项监测调查。结果表明，美国森林（含相关草原，下同）生态服务潜力巨大、价值巨大，仅在 2011 年吸引了 1.657 亿游客，森林生态旅游给林区带来超过 20 万个工作岗位。

森林生态旅游发展关键在于景观资源丰富和基础设施完善

在这项监测调查中，美国林务局对每个国家森林公园游客进行大量抽样，分析反映出来的森林生态旅游的重要特征和政策需求。结果表明，绝大多数游客都很满意他们的国家森林（以及草原）生态旅游经历。监测调查还揭示了森林生态旅游的重要特征：

（一）与前几年一样，94% 的游客认为国家森林和草原很有价值，并在体验中感到安全。

（二）50% 的游客是居住在距离森林服务的土地 60 英里以内的居民，超过 200 英里的只占游客 26%。

（三）来自于 200 英里以外的游客选择更长时间的停留和参观多个地点，反映出他们把旅行花费散布在更长的时间上。

（四）与前几年相比，过夜的游客人次增加了 200 多万。

（五）55% 的游客来国家森林和草原参加体育活动。

（六）近 60% 的游客选择下列之一作为他们喜欢的体育活动——徒步旅行或散步，下坡滑雪，感受大自然、捕鱼和狩猎。

（七）游客更加关注他们的娱乐花费。与前几年相比，更多的游客是居住在距离森林较近的居民，200 多英里之外的游客较少。这也意味着白天旅行人数增多，夜间旅行人数减少。但对于那些选择过夜的游客来说，他们更经常地选择在国家森林和草原露营以帮助削减成本。

"这反映出，美国人继续和他们的国家森林有着特殊的连接，"美国林务局首席官汤姆·蒂德威尔（Tom Tidwell）说道，"这也反映出我们的公共土地（提供的生态服务）物美价廉，造福所有美国人，是美国最大的游憩福利。"

监测调查结果还表明，美国森林生态旅游有如此发展，关键在于景观资源丰富多样和基础设施完善。林务局公布了一组数据：我们通过管理 15 万多英里的小径，提供了许多便利，其中包括远足、骑单车、骑马和机动旅行，超过 1 万英里发展成娱乐区域。游客有许多可供选择的娱乐活动，因为我们有 57000

英里的溪流，122 个高山滑雪地区，338000 处遗产；9100 英里的国家风景优美的小径；22 个国家休闲区；11 个国家风景区，6 座国家纪念碑和 1 个国家保护区。

森林生态旅游带来多种效益：提供就业岗位、促进公民健康、培养国民意识和实现文化传承

森林生态旅游目的是为维持国家森林和草地的健康性、多样性和生产力，用以满足当代人和后人的需要。在国家森林系统土地的娱乐性活动有助于维系超过 20 万的全职和兼职工作，每年为美国经济贡献超过 130 亿美元。该机构负责管理 1.93 亿英亩的公共土地，为各州和私人土地所有者提供援助，并维持着世界上最大的林业研究机构。

同时，与以前相比，户外娱乐活动使美国社会受益很多。美国花费 2 万亿美元在医疗保健危机上。超重、肥胖和缺乏身体锻炼是慢性疾病如糖尿病、心血管疾病和癌症的主要风险因素。身体锻炼是健康的生活方式的一个有机组成部分，户外娱乐是自然的解决方案，也是一种疾病的预防方案，属于国家现有的健康基础设施的一部分。

南部的森林服务研究站最近发表的一项全国性报告——《户外娱乐趋势和未来》，该报告显示，美国人当前对户外娱乐选择持续增长。增长较明显的是在观光和自然摄影的活动上。该研究还显示更多的美国人参与到滑雪、挑战的活动如攀岩、马术活动如骑马和机动用水如滑水等活动中来。

"通过参观历史古迹和自然景观能增强国人地域感和国家身份意识，因为这些历史古迹和自然景观展示着这个国家丰富的自然和历史遗产。"汤姆·蒂德威尔（Tom Tidwell）说，"我们希望国人能来了解他们的公共土地，因为这是他们的后花园的延伸。"

监测调查可以帮助森林服务了解游客如何利用森林和草原，这反过来帮助他们更好地促进这些土地的资产，正如奥巴马总统在美国伟大的户外倡议中所概括的。该倡议呼吁的焦点是为了提高人们对土地价值的意识和联邦土地的效益，同时提高娱乐活动和其他事宜。

（摘自：http://www.fs.fed.us/，The National Visitor Use Monitoring Survey，以及 Americans´ Preferences for Outdoor Recreation Changing）

水土流失加剧全球变暖　可寄望混农林业

联合国环境规划署发布报告，提醒各国由于农业生产方式加快了土壤侵蚀率，造成了水土流失，大幅耗尽土壤中的碳储量，导致全球变暖情况更糟。

报告援引的研究结果表明，每立方米土壤最多能单独存储约 2200 亿吨的碳，这是目前大气存储量的 3 倍。报告称，"土壤中的碳很容易流失，但难以恢复"。自从 19 世纪以来，由于清理土地用于农业和城市等导致土地利用变化，使得储存在土壤和植被中大约 60% 的碳流失。报告还指出，泥炭地退化是需要特别关注的。泥炭地包含了世界上大约 1/3 的土壤有机碳，是地球上最有效的碳储存。报告称，目前的泥炭地排水，每年生产超过 2 亿吨的二氧化碳排放量，相当于每年人为温室气体排放量的 6%。

2012 年 6 月，联合国环境规划署在其另一份报告中提出，生态环境以两种基础形式支持农业，一种是自然资源如肥沃的土壤和充足的新鲜水供给，另一种是生态系统服务如森林生物多样性提供的养分循环和土壤稳定，破坏支撑农业的生态基础面临的主要威胁之一是毁林和农药污染。报告分析，毗邻农地的毁林和农药污染能导致农场外生物多样性（Off-farm Biodiversity）的退化，包括导致承担农作物授粉功能的生物体的破坏。根据《千年生态系统评估》，世界各大洲（除南极洲外）至少有一个国家的传粉昆虫已经减少。

如何应对这个糟糕的局面？联合国环境规划署提出走可持续发展的农业道路，以发展"混农林业"作为解决方案。联合国环境规划署提倡，发展"混农林业"是在农场尺度建立起可持续生产（模式）的重要选择之一，也就是在农场开发多年生树木和灌木的做法。赞比亚和尼日利亚的案例证明，混农林业能提高降雨的利用效率。农场中的树木、灌木和棕榈能提供常年植被覆盖，以减少土壤扰动（Soil Disturbance），并为野生物种（包括农作物传粉昆虫）提供生境。

（摘译自：Strengthening the Ecological Foundation of Food Security Through Sustainable Food Systems）

国有林管理

美国农业部关注国有林恢复和创造就业步伐

 2月2日，美国农业部长汤姆·维尔萨克(Tom Vilsack)宣布了一项名为《加快我们国有林恢复和创造就业的步伐》(Increasing the Pace of Restoration and Job Creation on Our National Forests)的新报告，阐述了由美国林务局管理的1.93亿英亩(约合7817万公顷)国有林和草原的一系列战略和管理行动。作为恢复战略的一个组成部分，2012年拟拨款4000万美元支持20个森林和湿地恢复项目。这20个项目包括继续推动2010年已启动的多方合作森林景观恢复计划(Collaborative Forest Landscape Restoration Program，CFLR)下的10个项目，并将在今年新启动10个项目。另外再拨款460万美元支持其它方面的优先恢复项目。

 维尔萨克说："通过我们与州政府、社区、部落和其他合作伙伴的合作，我们致力于恢复国有林，并为农村地区带来就业机会"。他补充说："无论森林面临的威胁来自野火、树皮甲虫或气候变化，但我认为，我们加紧努力维护国家自然资源，才是至关重要的"。

 国有林恢复工作的效果，一是提高林产品产量。2011年美国国有林林产品产量为24亿板英尺(约等于566万立方米)，林务局预测通过恢复措施2014年将使国有林林产品产量提高到30亿板英尺(约等于708万立方米)。另一是提供更多工作机会。目前，全国国有林土地上的休闲活动年度产生效益14.5亿美元，提供上万个就业机会。森林修复工作，将进一步刺激经济发展，保留和增加其他工作机会，如通过多方合作森林景观恢复计划项目实施每年产生 1550 个工作岗位，并有力支持休闲活动。

报告宣布的战略和行动，旨在未来三年使国有林森林恢复面积较今天增加 20%，并增强主动式森林经营（Active Forest Management）的力度，包括可燃物减少管理、再造林、溪流恢复、退化林道拆除（Road Decommissioning）、更新和改善排水渠、森林间伐、采伐、适当火烧（Prescribed Fire）以及其他技术措施。林务局将采取一系列行动推进恢复工作，包括扩大多方合作森林景观管理所涉合作伙伴的范围、敲定并实施新的森林规划细则、实施流域生态状况框架议案、提高根据国家环境政策法案（NEPA）制定的森林恢复项目规划进程的效率、实施自然资源综合恢复预算计划（Integrated Resource Restoration Budgeting）、执行树皮甲虫预警战略、提高木材监管合同（Timber and Stewardship Contracts）的执行效率、拓展林产品市场。

（资料来源：www. usda. gov，2012 年 2 月 23 日）

美国林务局关注美国城市森林处于
下降趋势并呼吁改善绿色空间

美国林务局研究指出，该国城市地区森林每年大约减少 4 百万棵树。在研究的 20 个城市中，17 个城市的树木盖度出现下降。损失最多的城市有新奥尔良、休斯顿和阿尔布开克。树木盖度从较高的 53.9%（亚特兰大）降低到较低的 9.6%（丹佛）。

美国林务局局长 Tom Tidwell 表示，目前城市森林饱受压力，现在是大家共同努力来改善重要绿色空间健康状况的时候了。可以使用 i - tree Canopy 工具来分析树木盖度，并确定最佳树种和种植地点。城市树木可以带来三倍于树木维护费用的好处，一棵树木能产生达 2500 美元的环境服务，比如减少供暖和制冷费用等。美国林务局北方研究站（Northern Research Station）的林业研究人员 David Nowak 和 Eric Greenfield 分析卫星图像发现，美国城市树木盖度正在以每年 0.27% 土地面积的速率下降，这相当于现有的城市树木盖度每年损失 0.9% 左右。

（摘译自：U. S. Urban Forests Losing Ground 和《科学研究动态监测快报》）

自然保护区管理

联合国开发计划署认为欧洲和独联体生物多样性正在丧失 提出6条战略建议

2012年10月2日，联合国开发计划署（UNDP）发布题为《生物多样性：欧洲和独联体的实现结果》的报告，指出必须认识到，遏制生物多样性的丧失关乎我们自己的利益。当欧洲体验到显著的人口下降的同时，我们赖以生存的生态系统服务的数量和质量正在损失。有足够的证据表明，在欧洲和独立国家联合体（CIS），发生了持续的生物多样性丧失。报告从森林、新鲜水生态系统、湿地、泥炭地、海洋和海岸生态系统、山区和草原等七个方面分析生物多样性丧失的现状。

最后，报告提出了相关战略建议，具体如下：

一是增强保护区的作用和功能。如罗马尼亚建立一个多用途景观的自然公园、俄罗斯联邦利用多种策略保护全球性的伏尔加河三角洲重要湿地、土库曼斯坦重新定位保护区的范围和功能等。

二是扩大保护区系统，并扩展到更广泛的景观保护。如，维护俄罗斯北极地区的泰米尔半岛的景观连接度（Landscape Connectivity）、白俄罗斯把构建生物多样性保护纳入土地和资源利用规划、哈萨克斯坦大草原的扩展和多样性保护、乌兹别克斯坦在国家计划中全面扩大保护区。

三是将生物多样性保护与减缓和适应气候变化充分结合起来。如白俄罗斯开发利用后的泥炭地重新恢复重建了栖息地,并减少了碳排放;俄罗斯联邦的科米共和国(Komi Republic)在寒带森林中增强保护储存的碳;哈萨克斯坦保护和提高阿尔泰—萨彦地区的碳库;匈牙利制定针对巴拉顿湖的脆弱性管理并开发适应性战略。

四是从育林到生态系统管理,对社区赋予权利,改变林农的观念,着力解决森林单一和碎片化的问题。如,一个新的生物圈保护区和当地社区成为乌兹别克斯坦成功保护 Tugai 地区森林的两个重要元素,保加利亚在山地景观管理中把林业与生物多样性保护和农村发展很好结合。

五是保护农业生物多样性,农业生态系统和传统渔业。

六是提高意识并构建关于生物多样性保护的更多支持。如,哈萨克斯坦的湿地管理人员认识到意识不仅很重要而且起作用、立陶宛通过改变态度形成开放和包容性的保护区管理,塔吉克斯坦通过建立有效的伙伴关系提高意识和支持社区。

(摘译自:UNDP Publication Highlights Biodiversity Loss, Recovery Strategies in Europe and CIS, 2012 – 10 – 16)

全球自然保护区速增需全社会
参与解决管理、治理和财政等三大难题

2012 年 9 月 1 日,根据世界自然保护联盟(IUCN)发布《保护(地球)行星报告 2012》(*The Protected Planet Report* 2012)报告,指出保护区继续促进生物多样性,成为生态系统服务和人类福祉的基石之一。今天,保护区覆盖世界陆地面积的 12.7% 和 1.6% 的海洋区域。它们存储全球陆地碳储量的 15%,有助于减少森林砍伐、栖息地和物种的丧失,并支持超过 1 亿人的生计。联合国可持续发展会议("里约 +20"峰会),世界各国领导人重申了生物多样性的价值及其关键作用,倡议保护生态系统服务的紧迫性及其行动,努力制止和扭转生物多样性丧失。

这份报告显示,国际在落实"爱知生物多样性目标"方面取得重大进展。统计表明,1990 ~ 2010 年,全球保护区覆盖世界陆地面积从 8.8% 提高到 12.7%,覆盖海洋的面积从 0.9% 提高到 1.6%;有望到 2020 年,有效和公平管理至少 17% 的世界陆地面积和 10% 的海洋区域的宏伟目标。但是,目前这一进展仍然明显落后于"爱知生物多样性目标"的要求。为实现爱知目标,陆地保护区面积还需要增加 600 万平方公里——约相当于 2 个阿根廷的面积，海洋保护区面积还需要增加 800 万平方公里——超过一个澳大利亚的面积。

该报告还重点介绍国家、社区和非政府组织参与的成功经验。1990 年以来，保护区数量增加了很多，然而许多保护区仍面临管理、治理和财政方面的挑战，世界上最重要的遗址有一半仍然未受保护。2050 年，全球人口预计将超过 90 亿人，需要强大的、动态的和管理良好的保护区，需要政府做出明智的决定和选择，走上 21 世纪可持续发展的实现途径——在生态支撑人类足迹能力的界限内，建立发展一个持续增长的和不断创造就业机会的循环经济。

（摘译自：Protected Planet Report 2012）

"公益自然"组织启动建立监测区域
生物多样性的仪表板评估系统的研究

2010 年 10 月，世界各缔约国就到 2020 的近期目标达成一致并拟定了相关的 20 个《爱知生物多样性目标》。这些目标需要指标的支持，以报告各国在降低生物多样性压力、维持提高生物多样性状态、实施保护行动、降低生物多样性丧失，以及利用生物多样性提供给人类福祉的效益上所做的努力。但是，由于国家能力经常性的不足，很多指标往往都无法在实地通过可持续的数据收集来测量。另外，国家和相关机构需要能够清楚地记录、可视化这些指标，才能对保护行动的实施者、管理者和资金提供者有所用处。该项目旨在建立"仪表板"（Dashboards）来展示生物多样性指标的数据，促进国家对数据流可持续投入来维持这些文献工作。

该项目的总体长期目标：

- 建立区域性仪表板评估系统，通过"压力 – 状态 – 反应 – 效益"的指标框架来报告生物多样性的变化
- 建立国家能力，输入数据并整合国家专家到全球网络（如世界自然保护联盟（IUCN）的委员会）
- 发展信息基础设施来满足仪表板评估系统所需的数据上传、维护、分析和报告，其中包括与全球报告系统的数据共享

该仪表板评估系统将通过强调区域性的状态、威胁和对人类利益，切实加强生物多样性的保护行动，创造一个更有效的决策支持框架来支持适应性管理和投资。

2012 年的具体任务：

对三个区域建立四个基线指标作为示范：我们在现有全球数据库的基础上对四个生物多样性指标进行分解——压力一个（森林丧失）、状态一个（物种灭绝风险）、反应一个（关键生物多样性区域的保护区覆盖率）、效益一个（自然生态系统提供的淡水流量）。该数据库为仪表板评估系统框架提供概念证明，为三个具体的区域提供基线数据：南美热带亚迪斯山脉区域、非洲中部及东部大湖区域和亚洲大湄公河区域。

加强当地进程保证可持续数据流动：召集上述三个区域的当地和国家保护利益相关者探讨，判断当地现有的能够支持数据流动和仪表板评估系统框架的长期更新的机构、能力。同样重要的是，我们还会记录现在能力在哪些方面有不足，突出弥补的途径。虽然在概念证明阶段，我们侧重于分解四个全球指标、说明仪表板系统方法怎样运行，但是有些国家在这四个指标之外有可能可以加入很多其他生物多样性指标。

该项目政策影响和应用：

该项目总的影响是改善生物多样性保护的效果。在过去的 10 年里，来自基金会、非政府组织、政府的保护投入使全球生物多样性灭绝率降低了 1/5。仪表板评估系统的概念、来自具体投资输送和影响的监测数据可以帮助、指导在自然保护上的努力，进一步减少生物多样性的灭绝。该项目的设计决定了它的政策影响会在当地、国家和国际尺度上都有作用：地方上，仪表板评估系统能让人在更广的范围内来衡量活动结果并作相应调整；对国家政策，仪表板评估系统会阐明保护和其他部门（指标框架中的"效益"元素）之间的联系，加强政府内部的协调和投资；最后，仪表板评估系统还会告知代理机构和私有基金会的区域性和全球性制度的投资政策，比如约翰 D. 凯瑟琳 T. 麦克阿瑟基金会。

（公益自然（Nature Serve）韩雪梅博士供稿）

美国增加百万英亩休耕地
用于恢复野生动物栖息地

2012 年 10 月 8 日，美国农业部长维尔萨克宣布追加 40 万英亩的保护面积加入土地休耕保护计划（Conservation Reserve Program），以实现其于 2011 年春季作出的"总共追加 1 百万英亩的土地进入土地休耕计划，以保护湿地、草地和野生动物栖息地"的承诺。

维尔萨克说："2009 年以来，美国农业部已与生产者和私人土地拥有者登记加入保护计划记录的亩数。这些努力不仅保护我们的自然资源，而且为当前和未来几代人带动了农村经济。为何国会通过全方位、长期的食品、农业和就业立法很重要，因为美国农村社区上百万英亩的保护性土地有把握，未来可以为'强化旅游和休闲产业的中小企业'维持和创造就业机会。"

这新增的 40 万英亩土地将成为土地休耕计划中的加强野生动物国家英亩（State Acres for Wildlife Enhancement）计划（该计划目前在全国约覆盖 125 万英亩土地），将按照物种保护的优先级形成野生动物栖息地（如较小的草原鸡和松鸡），并为公众提供狩猎机会，以及为农村提供就业机会。其中的 28 万英亩将在 20 个州开展复合项目，包括森林、草原、湿地栖息地的恢复。

土地休耕保护计划是美国的最有价值和最重要的保护工作，目标是确保清洁的空气和水，防止水土流失，提高美国农村的经济机会，提供娱乐和旅游功能，尤其是：

——每年阻止 3.25 亿吨的土壤侵蚀；

——已经修复了超过两百万英亩的湿地和 200 万英亩的河岸缓冲带；

——每年阻止 600 多万磅①的氮和 100 多万磅的磷流入溪流、河流和湖泊；

——提供每年 18 亿美元给土地所有者，帮助他们进入当地经济，支持小企业和创造就业机会；

——全国最大的私人土地碳汇计划。通过将脆弱的耕地保护，隔绝植物和土壤中的碳，并减少燃料和化肥的使用。2010 年，该计划固碳量，相当于清除了近 10 亿辆汽车的排放。

（资料来源：Agriculture Secretary Vilsack Fulfills Commitment to Designate 1 Million Additional Conservation Acres to Support Wildlife Habitat Restoration，2012 – 10 – 16）

---

① 1 磅 = 0.4536 千克

美国启动"国家生态观察网络"
生态学进入"大数据"时代

到 2016 年，将有约 1.5 万只感应器监控美国生态系统的健康状况，它们将为人类收集大量的信息。我们是不是可以说生态学已经进入了"大数据时代"？

计算机和信息技术的世界似乎总是以接近光速的速度前进，让人眼花缭乱，以至于有些人恨不得想阻止科技的发展，好有时间弄明白这一切到底是怎么回事。但信息科技的飞速发展中其实也蕴藏着更大的趋势。其中令我感兴趣的问题之一便是，在世界人口规模（和环境足迹）爆炸式增长的情况下，信息技术的发展将如何帮助我们更好地管理我们小小的星球。

现在，信息技术应用的一个重要目标是监测地球的生物圈，而且令人欣喜的是，人类在这方面的进展速度正在加快。比如几周之前，美国新推出了一项总金额 4.34 亿美元、预计耗时 30 年的生态系统研究计划。这个全称为"国家生态观察网络"（英文简称 NEON）的项目将产生并分析大量的所谓"大数据"。

到 2016 年，全美 60 个站点安装的约 1.5 万个感应器将收集超过 500 种与生态系统健康状况有关的数据。完全运转之后，NEON 每年将产生大约 200TB 的信息，《经济学人》杂志称这相当于哈勃天文望远镜环绕地球前 20 年产生的数据量。

NEON 旨在使科学界得以弄清环境科学中的一些重要问题，亦即所谓的"大挑战"。这些问题主要分为两类：一是推动生态系统变化的主要力量，如气候变化、土地使用变化以及入侵物种等。二是对生态系统的变化有所反应的领域，包括生物多样性、生物地球化学、生态水文学以及传染病。很显然，这些效应并非相互孤立：比如植被结构的变化会影响到气候，新出现的疾病也会显著改变生态系统的过程。

科学家们想要回答的问题包括：风暴的强度、空间分布以及频度的变化如何影响生态系统？风暴对内陆林地的破坏如何影响沿海生态系统？气候变化对平均温度及干旱的严重程度有何影响，物种间相互作用、融雪动态以及粉尘排放又相应会发生怎样的变化？还有，气候变化如何影响入侵物种的播散能力？

NEON 的重要优势之一便是每个观测点都采用同样的方法做同类测量。

正如《经济学人》所解释的那样，"通过在许多地方长期以这种标准化方法收集数据，"科学家希望"获得具有说服力的统计数据，从而将生态学从一门技术变成一种大规模的产业。"

研究人员会收集每一个关键观测点的航拍图像和卫星图像。一旦弄清楚生态系统对气候变化、土地使用以及新物种的到来产生怎样的反应，NEON团队就会建立模型预测生态系统未来的走势，使决策者能够评估不同行为可能产生的后果。

研究产生的庞大数据需要大量的数学运算。的确，正如《经济学人》所得出的结论，"或许可以说所谓的'大科学'与小玩意儿之间的真正区别——就像天文学家和物理学家几十年前就已经发现，生物学家在人类基因组工程之后也认识到的那样——并不在于花钱多少，而是在于需要处理数据量的大小。"

NEON被视为一次重大的转型，将生态学家引向大科学和大数据的世界。这些研究的结果将具有重大意义，并且多少有些难以预料，但有一件事是我们可以肯定的：当我们能熟练地使用卫星和NEON之类的网络而不仅仅是捕蝶网和显微镜探索这个世界的时候，当我们能像NEON团队准备做的那样将研究结果公之于众供普通人消遣的时候，生态学才能真正成为一个21世纪的科学。

（资料来源：www. johnelkington. com，2012 – 10 – 16）

欧洲发布生态系统服务空间评估报告
倡导将生态系统服务融入到欧盟决策

近期，欧洲环境研究伙伴关系（PEER）发布了《欧洲生态系统服务的空间评估：方法、实例研究和政策分析——阶段2集成报告》（*A Spatial Assessment of Ecosystem Services in Europe*：*Methods*，*Case Studies and Policy Analysis-phase* 2 *Synthesis Report*）。PEER生态系统服务研究（PEER Research on Eco – System Services，PRESS）描述了不同的欧洲政策如何有助于提高生态系统提供的服务和效益，并呼吁将生态系统服务的方法融入到影响欧洲自然资源利用的政策措施中。

将生态系统服务融入到欧盟决策过程中需要坚实的理论基础和方法框架，以绘制和评估生态系统服务，从而服务于政策应对的多个目标。PRESS – 2研究提供了这样的一个分析框架，该框架能促使目前欧盟及其成员国使用的环境数据和模型的科学知识基础可操作化，从而有利于绘制和评估生态系统服务。该研究由三块工作构成：政策与情景分析、绘图和评估。将生态系统服务供应的地图与货币估值联系起来，有利于开展政策措施对生态系统服务效益的预期影响分析。

一、净化水资源

水净化是一项重要的生态系统服务，湿地、河流、溪流和湖泊的自我净化能力提供了多种用途的清洁水。这项服务降低了社会成本，因为主要的面源污染处理使用单独的技术方案很难解决。水净化研究通过在不同的空间尺度调查农业和水政策情景，对生态系统净水能力及其改善水质效益的影响进行全面的周期评估。共同农业政策（Common Agricultural Policy）通过引入减少化肥使用和修复湿地等措施来绿化欧盟的情景，对水净化服务产生了积极的影响，改善了水质，提高了社会经济效益。然而，减少使用化肥的速率在不同尺度间是有区别的，这表明政策措施的评估依赖于空间尺度，反过来证明了需要多尺度评估的方法。

二、户外休闲娱乐

户外休闲娱乐可能是最易于体验生态系统给人类带来效益的方式之一。PRESS 研究表明人们到大自然，特别是森林中游憩的频率很高，而且人们乐于支付到森林等生态系统中娱乐产生的各种费用。从国家尺度看，森林娱乐产生的价值可能有数十亿欧元，如果考虑娱乐活动带来的健康效益，比如减轻压力等，该价值将会继续升高。城市绿化区，比如城市公园也具有较高的娱乐潜力。PRESS 研究报告描述了确定在城市哪些地区投资绿化能实现最大效益，从而为人们提供主要的生态系统服务，同时需要考虑人口演变、城市化和运输方式等方面的因素。

三、传授花粉

昆虫（比如野生蜜蜂和大黄蜂）提供的传授花粉服务对维持欧洲作物生产至关重要，特别是水果和蔬菜生产。PRESS 研究表明，当前数据集的覆盖面和分辨率足以满足绘制生态系统潜力图的需求。森林和河岸地区的高分辨率遥感数据被用来绘制生态系统图，蜜蜂和大黄蜂通常在生态系统中筑巢和寻找带有花蜜的鲜花，这样的信息非常重要，有助于帮助农户在提高农业产出的同时，管理和保护这些栖息地。

四、欧洲政策对生态系统服务的影响

对生态系统服务的评估和绘图是实现欧盟生物多样性战略中生态系统服

务目标的必要非充分措施。我们需要充分认识如何确定各级生态系统服务，及当前政策对生态系统的影响。合理且有效的生态系统管理也应该考虑欧盟的相关政策，这些政策直接或者间接地影响生态系统及其提供的服务，比如，那些能带来社会和经济变化的国际贸易、农业、土地利用和自然保护等政策。将生态系统服务的概念纳入政策，需要系统地回顾政策对生态系统服务的影响，而不只是传统的环境评估。为了响应和适应新的环境，需要对政策的影响进行持续监测，设计上应具有灵活性。必须量化目标和确定基准线，从而能够衡量进展。科学研究只是恢复自然生态系统和保护欧洲生物多样性的必备要素之一，PRESS 倡议所有的利益相关者，包括研究者、决策者、利益群体和公众通过集成的生态系统服务方式开展广泛合作。

（摘译自：A Spatial Assessment of Ecosystem Services in Europe：Methods，Case Studies and Policy Analysis-phase 2 Synthesis Report，2012 - 10 - 15）

林业与自然灾害

极端天气灾害频发
基于生态系统管理成为解决之道

一、全球极端天气灾害频发 如何有效应对迫在眉睫

2012 年国际灾害和风险会议(The International Disaster and Risk Conferences(IDRC))于 8 月 26～30 日在瑞士达沃斯召开。国际灾害和风险会议从 2006 年起每隔两年在达沃斯召开,其中 2007 和 2009 年分别在我国哈尔滨和成都召开地区会议。

联合国环境署(UNEP)是本次会议的主要赞助人,来自 100 个国家的千余名风险和灾害研究专家、从业者和政府官员参会。会议围绕"变化世界中的综合风险管理"的主题,探讨风险管理、减少灾害和适应气候变化的当前挑战,促进在社区和部门层面建立起更加紧密的公私伙伴协作模式,形成更加有效的减少灾害和风险管理的综合治理思路。会议成果将于 2013 年提供给全球减少灾害风险平台。

"从本世纪初至今,各种灾害已经造成了 110 万人丧生,1.3 万亿美元财产损失,27 亿人口受到影响——约占全球人口的一半,"联合国减少灾害风险秘书长玛加丽塔·瓦尔斯特伦(Margareta Wahlström)在会议上说,"IPCC 特别报告和多年研究证实了,这些灾害与全球气候变化有很大的关联性,这同时

也让我们知道可以采取措施减少灾害和管理风险。但是，目前的问题是从理论转化为行动的过程缓慢。"她呼吁，各国应采取政策措施积极落实包括《兵库行动框架》、《联合国气候变化框架公约》和《千年发展目标计划》等行动方案。UNEP也认为一些国家行动缓慢，提倡各国应该重点关注将灾害管理纳入发展计划的主流，走基于生态系统的道路(Ecosystem – Based Approach)。

本次会议召开的背景是全球极端天气灾害频发。今年以来，干旱、飓风、洪水、森林火灾等各种极端天气灾害在北美、欧洲、非洲、东南亚以及我国肆虐，灾害强度极其罕见，造成了巨大破坏和严重损失，给国际社会经济稳定带来重大影响。

这个夏天，美国遭遇到史上最严重的旱灾和高温天气，伴随着蔓延西部7州的森林火灾等一系列极端天气灾害。6月，美国大陆超过56%的面积笼罩在极端干旱中，7月份扩大到63%，被称为"粮仓"的"大平原"地区——占有美国75%的玉米生产带——赤地千里。由于美国受灾严重，农作物收成大幅锐减，全球性粮食危机短期内有可能爆发。

面对全球灾害导致的粮食紧张局势，20国集团与联合国在8月27日召开紧急会议，拟采取行动来协调各国应对粮价飙升。同时，世界气象组织、防治荒漠化公约(UNCCD)和其他联合国伙伴机构正在筹备一次国家干旱政策高级别会议，将于2013年3月11～15日召开。

二、森林双重角色：减缓灾害和遭受破坏

森林是陆地生态系统的主体，具有增加碳汇、减少排放的特殊作用，是减缓和适应气候变化的重要领域。但是森林在应对极端天气灾害中扮演着双重角色，一方面是减缓灾害，另一面是遭受破坏。

从减缓灾害来看，森林能防风固沙，遏制土地荒漠化；森林能保持水土，防止山崩、泥石流、滑坡、雪崩等灾害的发生，或减弱其发生程度；森林能涵养水源，减少地表径流，调节径流的时空分布。在今年北京"7·21"特大暴雨灾害中，森林发挥减缓灾害作用已得到充分体现。

从遭受破坏来看，对火灾、虫灾、地震、海啸、台风等，森林都是受害者，面临着巨大威胁。这从今年夏天美国科罗拉多州等地方爆发的大规模森林火灾中可见一斑。

毫无疑问，作为陆地生态系统的主体，森林在应对极端天气灾害的生态系统管理中具有基础地位，成为减少灾害和风险管理的核心内容。《兵库行动框架》有关规定和本次达沃斯会议都直接或者间接地涉及林地规划、加强森林生态系统功能和减少森林生态系统脆弱性等问题。

（一）北京"7·21"特大暴雨灾害：森林从5个方面减缓洪涝

在北京"7·21"特大暴雨灾害中，首都圈生态站监测数据表明，森林植

被对暴雨侵蚀发挥了良好的减灾作用和生态调控功能:

一是林冠截留,降低灾害发生可能性。侧柏、栓皮栎、油松、刺槐等典型森林植被的林内降雨率为 62.44% ~ 71.52%,而截留率达 25.87% ~ 35.82%。林内降雨在开始时间上要晚于林外降雨,延滞的时间在 21 分钟左右,延滞并降低了降雨对地面的侵蚀强度。

二是枯落物截持,发挥生态调水作用。枯落物覆盖时产流时间和裸地相比,比裸地滞后 2~5 倍,阻延径流速率为裸地的 20% ~55%。同时,枯落物的覆盖使产沙量减少了 97% ~98%。

三是土壤层蓄纳,发挥水源涵养功能。在"7·21"特大暴雨中,林地土壤层 0~60cm 间的平均含水量由降雨前的 13.3% 骤增至降雨后的 24.1%,土壤储水量也由降雨前的 11.97 毫米增加至 21.69 毫米。

四是植被蒸腾,提高森林持水能力。在"7·21"特大暴雨期间,乔木层单株的平均蒸腾量维持在每分钟 14.4 毫升,灌木层单丛的平均蒸腾量也达到了每分钟 0.13 毫升。

五是径流调节,发挥防灾减灾作用。经过林冠截留、枯落物截持、土壤入渗、植被蒸腾 4 个生态水文过程后,林地的平均径流深仅为 0.97 毫米,远远低于本次降雨总量的 164.4 毫米。

(二)美国西部 7 州森林火灾:干旱、高温、山松大小蠹和林地管理

今年夏天,科罗拉多州经历了历史上最为严重的火灾季节,截至 8 月底,共有 6 人丧生,超过 600 个家庭遭到毁灭,超过 270 平方公里(约有 10 个曼哈顿大)的森林面积烧毁。森林火灾并不仅限于科罗拉多州,而是蔓延在西部 7 个州。据统计,成规模的森林火灾不下于 29 起,造成森林资源极大破坏,数以千计的人们被迫逃离家园。如,怀俄明州受灾面积 137 平方公里,蒙大拿州受灾面积 380 平方公里。森林火灾的蔓延,让西部各州紧张戒备,科罗拉多州等西部 40 个城市和周边许多州取消了 7 月 4 日国庆节烟花表演,避免引发新的火灾。

虽然一些新闻报道说是雷击引起森林火灾,但是许多研究表明,今年夏天森林火灾以及干旱等极端气候灾害并非异常。近几年来,美国西部森林火灾次数增加,且持续时间越来越长。研究还发现,灾害发生虽然与林地利用管理有关,但是一些气候因素作用更大,主要包括春季、夏季变暖,早期春天冰雪融化,使枯枝落叶等可燃物增多、曝晒期更长、点燃率更高。

事实上,正是美国史无前例的干旱极端天气,导致了无法控制的森林火灾。据美国宇航局航拍和美国干旱监测数据,入夏以来,高温和干旱继续笼罩着美国,致使 54% 的草原和山岭,38% 的玉米作物和 30% 的大豆处于"差"或"非常差"的状况。截至 7 月底,美国大陆 63% 面积经历了中度或极端干

旱——这是美国半个多世纪以来最严重的干旱。

在这些诱灾因素中，山松大小蠹（Mountain Pine Beetles）影响不可小看。在火灾爆发之前，科罗拉多州因爆发严重的山松大小蠹疫情而已有 330 万英亩森林枯死。山松大小蠹在树皮下挖吃树干并产下幼虫，但通常死于寒冷的冬天。不幸的是，由于气候变化，冬天寒冷变得越来越轻，让山松大小蠹挺过冬天，疫情迅速扩大，且导致森林感染致命真菌。因此枯死的树木是完美的可燃物，一旦外界火源出现即刻引发火灾。例如，卡罗拉多州柯林斯堡（Fort Collins）因山松大小蠹疫情而有 70% 以上森林枯死，火灾就率先从这发生蔓延。

林地利用不合理也是重要因素，主要有大面积皆伐、开辟大型牧场、过度采集非木质林产品以及在红色警戒地带（Red Zones）建房居住，即森林火灾风险最高的地带。在过去 20 年，25 万人迁入卡罗拉多州红色警戒地带，一些城镇甚至有 9 成以上的人住在红色警戒地带，更加增加森林火灾爆发的风险，而一旦爆发森林火灾又容易造成人员死亡和家园毁坏。

这不是说雷击因素可以低估，但更应该记住的是使火灾迅速蔓延、无法控制、损失巨大的关键因素——高温、干旱、森林病虫害和林地利用管理不合理。

更糟糕的是，随着全球变暖不断加剧，这些状况将持续恶化。美国全球变化研究计划表明，气候变化不仅会让美国炎热日子增加，还让森林火灾频发区域扩展到西南地区，并导致该地区水循环产生重大变化，现在该地区水资源有效供给已经迅速减少。

三、气候变化是极端天气灾害频发的根本原因

虽然有一些反对意见和声音，但是大量的科学证据表明，导致森林火灾等极端天气灾害频发的罪魁祸首，就是以变暖为主要特征的全球气候变化。随着气候变化不断加剧，各类极端天气灾害日益频繁，带来的损失和影响更加巨大、广泛而持久。

以美国这次极端气候变化为例，灾害与气候变化关联的各种证据不胜枚举：

——最近的温度和降水量明显偏离历史平均水平。如，2012 年春天是美国从 1895 年记录气温以来最暖的春天，7 月是 1895 年以来最热的月份。在过去的 12 个月里，美国经历了历史上温度最高的 12 个月，各月气温均超过同期记录。在过去的 12 个月里，美国遭遇了 14 起前所未有的极端天气灾害，每一起都造成经济损失高达 10 亿美元以上。

——最近高温导致已经融化的山顶积雪加速融化。这些山顶积雪融化后

成为补充水源，但过早融化导致在晚春初夏径流过早减流甚至枯竭。如，今年流入鲍威尔湖（位于亚利桑那州和犹他州）的水流仅是平均径流水量的一半。

——降水减少和夏季气温升高结合在一起，这在美国西南部尤为突出。这种叠加效果会导致"在将来数十年甚至数百年面临水供应的严重挑战"，美国全国粮仓"大平原"（覆盖70%农业地区）也将遭遇气温上升、蒸发加速和更多的持续干旱，最佳生长区域可能转移而严重影响耕作。同时，冬季温和导致病虫害越来越多，爆发越来越早。

根据美国全球变化研究计划，如果人类引起的气候变化继续有增无减，美国将发生更为严重和频繁的干旱事件。随着气温不断升高，水资源有效供给进一步紧张。

四、我国林业：借鉴吸收 为未来做好准备

在极端天气灾害频发的形势下，我国林业面临着预防和减少灾害风险的情形不断变化，压力不断加大，有效应对自然灾害和实施风险管理迫在眉睫。据悉，今后一段时期，我国林业仍面临着火灾、虫灾、风灾、冻灾等严重威胁，因此在应对灾害和风险管理中要突出针对性和有效性，加强森林生态系统管理，增强其抗灾、减灾、修复3大能力成为重中之重。我国可以借鉴国际和国外的理念和做法，做好应对灾害和风险管理工作。

（一）"基于生态系统的道路"

1. 联合国环境署

如上所述，联合国环境署主张以生态系统为基础，减少气候灾害风险。"在降低人类面对灾害的脆弱性方面，改善生态系统和自然资源的管理起着至关重要的作用，但是在这方面的投入，特别是基于生态系统的解决方案上，我们已经滞后了。"联合国环境署专家 Thummarukudy 说。

2. 联合国粮农组织

联合国粮农组织近期的报告指出，气候变化将使许多粮食已经严重短缺地区的农业生产力、稳定性和收入进一步下降，若要满足不断增长的世界人口对粮食的需求，亟需发展"气候智能型"（Climate‑smart）农业。"气候智能型"农业是一种既能够增加森林面积，在应对气候变化方面发挥固碳减排作用，又可以在耕地面积相对稳定的前提下实现粮食大幅度增产的农业生产与发展模式。发展"气候智能型"农业，有利于提高农业应对气候灾害能力，加强农业管理，改善水、土地和森林及土壤养分等自然资源的利用；有利于降低气候灾害对农业地区的危害程度，建立健全预警和保险体系帮助农民应对气候变化；有利于在确保农业不影响粮食安全和农村发展的前提下，设法减

少其对环境的影响，包括降低农业的温室气体排放。需要投入大量资金填补农业数据和知识空白，支持适宜技术的研发，制定鼓励措施保证采纳气候智能型的农业规范，还需要为通常被忽视的国家推广服务融资，这类服务能够为向"气候智能型"农业转变的农民提供机构支持并在能力建设方面发挥关键作用。

3. 世界自然保护联盟

今年，世界自然保护联盟（IUCN）在其网站上公布了该组织关于应对气候灾害的观点，认为森林、湿地等生态系统对于减少气候灾害风险具有基础地位，主要基于下述五点：

一是人类的民生和福祉依赖于生态系统。特别是农村地区打造具有气候灾害应变力的社区，必须以健康的生态系统和多样化的生计出路为基础。退化的生态系统不可能提供这些功能，因而会大大地把农村社区暴露在气候灾害风险下。

二是森林、湿地等生态系统能为人类提供低成本的天然缓冲区，应对极端气候事件和气候变化影响。根据世界银行（2004）估测，对防护性措施进行投资，尤其是对维护健康的生态系统投资，与无防护措施情况下相比，其处理灾害的成本，仅为后者的1/7。

三是健康的和多样性的生态系统对于应对极端气候灾害提供更高的修复弹力。健全的生态系统不太可能受到极端气候灾害的影响，而且更容易恢复。但是，灾害会影响生态系统，如栖息地的丧失、物种死亡率提高和入侵物种的传播。灾害清理得不好，既会对生态系统产生负面影响，也会阻碍实现《联合国生物多样性公约》和千年发展目标。

四是生态系统退化，尤其是森林和泥炭地退化，减少了自然生态系统汇集二氧化碳的能力，增加了气候变化和相关灾害的发生率和影响。

五是经常由于争夺稀缺自然资源引发的人类冲突，也对社区产生类似于自然灾害的破坏性影响。这些冲突能进一步导致生态退化。因此，加强生态管理，对于减少冲突风险以及灾后恢复来说，都至关重要。

（二）若干案例

1. 欧盟

欧盟近几年也确立起基于生态系统管理的道路（ecosystem – based approaches）的应对气候灾害的思路。今年7月15日，欧盟环境政策研究所（IEEP）主办的气候政策主流化研讨会上，梳理了欧盟基于生态系统的解决方案的演进之路：

——《适应气候变化：指向形成欧洲行动框架》的白皮书指出，聚焦于管理和保护水资源、土地资源和生物资源，以维护和恢复健康的、有效运转的和具有气候变化应变力的（healthy, effectively functioning and climate change –

resilient ecosystems）生态系统，是应对气候变化影响的唯一出路。在农村和城市地区，提高自然吸收或控制灾害的影响，比仅仅聚焦于物质基础设施建设的应对方案更为有效。

——《气候影响评估》的白皮书列举了基于生态系统的解决方案的三个具体案例。一是种植树木凉爽城市；二是管理湿地既让其提高适应性又提供洪水管理功能；三是改善土壤渗透和水分保持，以补充地下水和地表水，从而提高植被生存力应对气候变化（如洪水、干旱和热浪）。

——《欧盟 2020 生物多样性战略》。基于生态系统的解决方案能比依靠技术解决方案的方法节约巨大的成本，同时产生出保护生物多样性以外的多重效益。

2. 美国

2012 年 6 月 26 日，《自然》杂志专栏自然——气候变化刊登了一篇文章，分析美国一些城市采用基于生态系统的解决方案（ecosystem – based approaches）与传统的防灾工程方法（hard engineering measures）的成本比较，指出了前者的优势所在。

案例一：纽约市依靠 Catskill – Delaware 森林集水区供水。纽约市目前 9 百万人日均消耗清洁水 13 亿加仑，其中的 90% 来自 Catskill – Delaware 森林集水区，过去 10 年保护该片集水区，每年大约花费 1.5 亿美元。假设按照清洁水过滤净化工厂的成本计算，建厂成本 60 ~ 80 亿美元，年度运营成本为 3 亿美元。

案例二：密西西比三角洲地带的湿地提供了更好的减灾功能。该湿地每年提供约 120 亿美元的生态系统服务价值。每年湿地稳定维护成本为每平方米 2 美元，新造每平方米 4.3 美元，清洁水导流每年 1430 万美元。假设采用工程方法防范海洋风险，加高大坝 1 米每公里的成本在 700 万美元左右。

案例三：可持续土地管理方法提高了粮食安全的保障功能。包括美国、马拉维等地的农民采用的混农林业模式，既提高了农民应变气候灾害的能力，也提高了粮食产量。该方法下，粮食产量较仅依靠以氮肥为基础的传统生产模式的产量提高了 4 倍。

3. 越南

越南在这次达沃斯国际灾害和风险会议上，提出题为《加强红树林生态系统综合管理，提高气候应变力》的报告。越南位于热带季风区，是世界最易受到海平面上升影响的 5 个国家之一。过去 5 年年均因灾害死亡 400 人，因灾损失约为该国 GDP 的 1.5%。越南已在适应气候变化和减少气候灾害方面作出了巨大的努力，已在国家和次国家层面建立了综合性的管理办法，提高环境管理能力和社区应变力。越南正在 Soc Trang 省试验红树林生态系统综合管理，既提高气候变化适应性（Climate Change Adaptation），也提高气候灾害减低能力（Disaster Risk Reduction）。重要的措施包括：保护红树林免受人类活动的影响，模拟自然更新创新种植技术，在已建植的森林周边种植高密度红树林。另外，在土壤侵蚀严重区，设立竹波断路器和 T 形围栏（Bamboo wave breakers and T - shaped fences），既减少侵蚀又促进泥土沉降，为红树林再生恢复提供很好的条件。经过近 3 年的实践，达到了提高红树林生态能力和改善当地农户生计的双重目的。

（三）政策启示

"基于生态系统管理的道路"减少灾害风险的理念，以及一些国家实践探索，给我国包括林业在内各领域，带来一些政策启示：

一是坚持"综合风险管理"，实施"基于生态系统管理"。所谓综合风险管理是指以减少脆弱性和增强快速恢复能力为目标，以安全性、保障性和可持续发展为核心，整合预防、干预和修复等多种措施，促进公私领域伙伴关系和跨部门合作的减少灾害风险的功能整体性过程（Holistic Approach）。对林业而言，不论是发挥减灾影响还是提高抗灾能力，应该在坚持综合风险管理的基础上，走基于生态系统管理的道路——这是联合国环境署多年倡导的概念，即以生态系统为基础减少灾害风险（Eco - DRR），综合办法解决灾害和气候变化有关的风险。

二是以绿色基础设施建设和林地利用规划为重点，加强建设多层次尤其是社区层面的响应机制和恢复机制。从《兵库行动框架》实施审查情况来看，各国基本建立国家层面的响应机制，但是存在一些不足，尤其是在社区层面上缺乏机制建设。另外，多年来包括今年美国森林火灾，之所以造成巨大的损失，关键在于基础设施建设不完善和土地利用规划不合理，这已经引起很多地方的高度重视和积极应对。美国东海沿岸的弗吉尼亚州诺福克市府（Norfolk，VA），今年经历了年度最高海平面上升，最近聘请了沿海工程公司分析该城市对飓风和暴风雨的脆弱性，对该市市政基础设施和城市规划进行完善，以期帮助其减轻洪灾影响。我国可根据需要逐步建立各层次响应和恢复机制。

三是改进森林生态系统受灾监测技术体系，因地制宜采取预防和恢复措施。森林受灾广度和深度都需要全面深入的监测，不仅限于林木的损失，而是整个森林生态系统功能——景观功能和非景观功能的丧失。目前，对森林受灾的监测和管理关注重点在森林结构性损害，如风倒、枯损、断裂所造成的树木损失，而对存活下来的林木功能影响则关注不够，如这些存活林木灾后的生长能力和分布状况。前一类损失看得见摸得着，后一类损失看不见摸不着，但后者往往比前者更严重。2005 年 1 月，瑞典遭受风暴"古德伦"（Gudrun），摧毁了 679 万公顷森林，造成 24 亿欧元的直接经济损失。但是，在随后几年里，灾后存活的挪威云杉森林增长减量为 10%，在灾后 3 年里，受灾森林减少增长蓄积量 300 万立方米。而且云杉森林在"古德伦"灾后爆发了蠹虫灾害。无论是增长减少还是虫灾损失，规模都超过 2005 年直接损失。

当然，最根本也最急迫的行动就是限制排放，以减缓气候变化和由此造成的各类极端天气灾害。

（来源：www. unep. org/NewsCentre，insights. wri. org，www. idrc. info，2012 -08 -31；中国绿色时报，2012 -07 -30）

《世界风险报告》：中国自然灾害风险指数高
加强林业管理可提高适应自然灾害能力

10 月 12 号，德国发展援助联盟（German Alliance for Development Works）、联合国大学环境与人类安全研究所（UNU - EHS）以及大自然保护协会（The Nature Conservancy）在比利时布鲁塞尔联合发表《2012 年世界风险报告》（*World Risk Report* 2012），报告认为环境恶化增加全球自然灾害风险，阐述了自然灾害的风险及应对之策。2002～2011 年这 10 年间发生的事情值得大家警惕：共发生 4130 次自然灾害，造成 100 多万人丧生，经济损失至少在 1. 195 万亿美元。报告中由联合国大学环境与人类安全研究所和德国发展援助联盟共同制定的《世界风险指数》（*World Risk Index*）确定了 173 个国家因自然灾害成为灾难受害者的风险。太平洋岛国瓦努阿图和汤加的灾难风险系数最高。马耳他和卡塔尔面临的风险较低。中国排名第 78 位，在所有风险类别中位置居中。世界风险指数把所有国家分为五大类，很低水平（0. 1～3. 65）、低水平（3. 66～5. 72）、中等水平（5. 73～7. 44）、高水平（7. 45～10. 58）、很高水平（10. 59～36. 31）。其中，中国位于高水平区间。

世界风险指数由四大评估指标组成。一是暴露度（Exposure）；二是受影响程度（Susceptibility），具体包括公共基础设施（权重占 28. 57%）、营养（权重占 14. 29%）、贫困和负担指数（权重占 28. 57%）、经济能力和收入分配（权重占 28. 57%）；三是处理能力（Coping Capacities），具体包括政府和管理机构（权重占 45%）、卫生服务（权重占 45%）、保险（权重占 10%）；四是适应能力（Adaptive Capacities），具体包括教育和研究（权重占 25%）、性别平等（权重占 25%）、环境现状或生态保护（权重占 25%）、投资（权重占 25%）。在环境现状或生态保护中，生物多样和栖息地保护、森林管理各占 1/4 的权重。

根据世界风险指数的量化计算，要提高适应自然灾害的能力，生物多样和栖息地保护、森林管理合计约能占到 12.5% 的权重水平。

（摘译自：World Risk Report 2012）

英国重视森林适应气候变化领域的森林病虫害研究

2012 年 1 月 25 日，英国政府发布《英国气候变化风险评估报告》(UK Climate Change Risk Assessment)，指出了英国气候变化适应行动的优先事项。报告预测，到 2080 年，干旱条件将使东南部地区木材产量下降 10% ~25%，导致木材成本上升。温暖的气候将导致病虫害增加，也将形成日益严重的威胁。环境、粮食与农村事务部已开展"树与植物健康行动计划"(Tree and Plant Health Action Plan)，将投入 700 万英镑用于植物疾病的深入研究。

（资料来源：www.defra.gov.uk，2012 年 1 月 26 日）

极端天气灾害频发　科学家研究"树热死"

树木缺水就会死，但在干旱条件下，哪些树木会先死？它们的死亡过程会持续多久？它们在缺水的情况下能活多久？

这些问题，科学家却并不怎么明白。近来，在热浪一年比一年严酷的环境下，美国新墨西哥州的洛斯阿拉莫斯国家实验室里，一群科学家开始研究起了树木的死法，尤其是被热浪和干旱杀死的树木。

研究人员用钢材和有机玻璃制成 18 个圆筒形装置，用其围住矮松，然后在装置中模拟干旱环境，同时监控矮松的变化，直至矮松在装置中旱死。这项看似残酷的实验，动机缘于袭击美国和欧洲的热浪，正逐年变得严酷难忍，而研究者在装置中模拟的温度，正是未来 80 年中气候变暖的幅度。研究者认为，树木死亡正是未来气候崩溃的征兆，开展此项研究的目的是为了找出一些方法，让树木在极端气候中尽可能久地存活。

大旱中的应景研究

目前美国正逢大旱，让这项研究显得格外意味深长。据气象学家估算，美国今年遭受的这场旱灾，是 50 年来规模最大的一场，令中西部的农业和林业遭受了重创。虽然最近的飓风"艾萨克"为部分干旱地区带去了一些雨水，却并未扭转大势。内布拉斯加、伊利诺伊以及盛产玉米和大豆的衣阿华州已陷入严重干旱，而且暂时还看不出好转的迹象。玉米和大豆的价格已经双双突破历史纪录。

这场灾难并非始于 2012 年，自 2010 年起，美国南部就进入了持续性干旱期。当时，得克萨斯、俄克拉荷马、堪萨斯等州都受到了缺水的影响，其中受灾最严重的是得克萨斯，损失的庄稼和牲畜总额达到 70 多亿美元。去年冬季的降水量跌破纪录，只有少量融雪被土壤吸收，进一步加剧了干旱的态势，使旱情蔓延到了整个北美。到 2012 年，美国大部分地区、墨西哥部分地区以及加拿大东部都成了灾区。在美国，有 80% 国土处于异常干燥的状态，其中，又有 65% 处于中度干旱状态。眼下，全美已有 36 个州宣布遭受原生自然灾害，受灾的县达到 1692 个。在加拿大东部的安大略、魁北克和亚特兰大省，炎热的气候和稀少的降水也都破了纪录，玉米和大豆等夏季作物受到影响。

除了农作物，受到影响的还有树木。据统计，2011 年干旱就导致得克萨斯 5 亿棵树木死亡。2012 年，西南部也有大量树木枯死，护林人员除了提防野火点燃枯木之外，对树木的死亡束手无策。干旱甚至影响了圣诞树的供应。美国的圣诞树一般在长到 7~10 岁时砍伐。往年种下的成年树木还比较耐旱，但是今年树苗刚种下便纷纷夭折，这可能会影响到今后几年美国人度圣诞节的方式。

高温中的树木刑房

帕克·威廉姆斯是洛斯阿拉莫斯实验室中研究树木的专家，他和国家地质勘探局的生态学家克雷格·艾伦一起，对过去几个世纪的干旱进行了回顾。他们发现，历史上虽然也出现过比现在规模更大的干旱，但次数不多。威廉姆斯表示，这次的干旱和历史上的旱灾相比，差异显著。以往干旱过后，气温和降水都会恢复到干旱前的水平，接着便迎来一个湿润的降水期。但 2012 年的干旱却是逐渐升温、越来越热。而随着天气变热，空气也变得干燥，它从土壤和植物中吸收水分，从而使干旱进一步加剧。

研究者用计算机模拟了受灾区域的气候变化，结果显示，该区域的气温会在 21 世纪结束之前再升高几摄氏度。艾伦表示，升温之后，这个区域将会恢复到历史上最坏的时期，山上的树木将大片死去。"不是说这片区域将没有任何树木，"他说，"但是主要树种都会死亡。"

至于哪些树木、多少树木将会幸存下来，这也是实验室研究的课题之一。实验室研究人员内特·麦道威就主持着这样的一个项目。

项目有个阴森的名字，叫"树木刑房"。所谓"刑房"，其实是钢材和有机玻璃制成的圆筒形装置，共 18 个，矗立在实验室外不远处的沙漠之中。

每一个圆筒里都包裹着一棵高约 4.5 米的矮松或杜松，它们的周围埋着塑料下水管，将雨水从树根处引出；圆筒壁上连着银色软管，将热气输送进来。此外，圆筒里还"关押"着昆虫。总之，"刑房"的目的就是尽量真实地模拟干旱环境。进入圆筒，立刻能感到热浪扑面而来。按照麦道威的说法，圆筒内部比外面高出 7 ℃，根据计算机模拟，这个温差正是未来 80 年中气候变暖的幅度。

除了控制水量和气温，"刑房"内外的传感器还能衡量树木的湿度、呼吸、土壤湿度等一系列指标。一架热成像摄影机监测着树木表面散发的热量；每隔几分钟，实验人员就会测量一次树木的半径。乍一看，这些树木不仅像是受刑的囚犯，而像是重症监护室里的病人，全身插满管子，奄奄一息。圆筒内的观测装置全部自动运行，但研究人员还是要每月做一次手动调节。麦道威说："大家都知道，天气越来越热、越来越干，甲虫就会出来，树就会死，但它们死亡的具体机制，我们并不理解。"他希望能通过这个装置，预测全世界树木死亡的方式，并揭示出树木死亡对环境的潜在影响。

松树水分的蒸发是研究人员观察的内容之一，具体来说，是观察松树的松针上称为"气孔"的小洞。在平时，树木通过气孔吸收二氧化碳，从而制造养分。但在干旱时期，气孔就关闭起来以保存水分，制造养分的过程也随之停下，久而久之，松树就会死亡。

研究方法引来争议

研究人员还想用这套装置测试其他一些内容，例如，漫长的干旱会破坏树木的叶子，从而破坏其光合作用，并最终破坏其新陈代谢。

麦道威解释说："这就好比是压垮骆驼的最后一根稻草。如果树叶都烤焦了，植物就没有碳水化合物来修复它们，这样一来，它就完了。"他认为这是个颇有道理的假说，但是到现在还未接受过检验。

他还指出，树木的死亡绝非孤立事件。从宏观上看，它对环境有着复杂的影响，可能造成恶性循环，因为树木一死，体内的碳元素就会全部进入大气，而碳正是气候变暖的罪魁祸首。"如果地球表面有更多森林消失，就会有更多碳排放到大气中去，并加快地球暖化过程。"他这样推理。

他还预测，由于气温攀升，未来 50 年内，针叶植物将在洛斯阿拉莫斯和圣达菲两县灭绝。

不过，实验室的研究方法也遭到了一些质疑。有批评者认为，气候是个复杂系统，以目前的计算机技术，还不能准确模拟它的变化，因此这些研究的出发点就有问题。还有人认为，植物在生命的演化史中已经经历多次气候变化，能够生存至今，说明它们自有应对之道；在气候变化的未来，真正堪忧的是人类的命运。

（资料来源：外滩画报，2012 – 09 – 13）

林产品贸易与打击非法采伐

美司法部协议解决非法木材进口案
创立《雷斯法案》修正后首个先例

2012年8月6日，美国司法部宣布，它与吉普森吉他公司（Gibson Guitar Corp.，下称"吉普森"）之间，就"吉普森"3年前从马达加斯加和印度购买和进口非法来源的木材进入美国而违反了《雷斯法案》的案件，达成了刑事执行协议，解决这2起调查指控。这是根据《雷斯法案》修正后作出的首起主要调查案件的公开协议解决，让3年来的案件调查划上了句号。更重要的是，通过此案处理，美国创立了第一个适用《雷斯法案》修正案的先例，这将影响到欧盟和其他地方森林法律和规范，将对美国乃至全球木制品业产生重大影响。

一、什么是《雷斯法案》?

《雷斯法案》是美国第一部联邦自然保护法案。在19世纪与20世纪之交，以营利为目的的非法捕猎在美国尤其是西南部泛滥，严重威胁了美国诸多野生物种。1900年春天，爱荷华州的共和党人约翰雷斯（John F·Lacey）议员向美国国会提交了《雷斯法案》草案，规定依据各州法律禁止在各州之间运输非法捕猎物或者受保护动物。同年5月25日，威廉·麦金莱（William McKinley）总统签署通过《雷斯法案》。在生效之后，《雷斯法案》百余年来历经修订，重要的有1969年、1981年、1989年和2008年修订。经过多次完善，《雷斯法案》内容不断演化，适用领域日益广泛，时至今日，已构成美国联邦野生动植物资源保护执法体系的基石。

在 2008 年 5 月 22 日的修订中，《雷斯法案》将适用范围延及植物和植物产品，增加了打击非法采伐及相关贸易的内容，主要内容包括：

（1）重新修订了"植物"的概念，扩大了适用范围　法案第一条第 f 款其中 3 个小项对"植物"进行界定：第 1 小项规定，植物或者植物种群包括植物界所有野生组成部分，包括根茎、种子、组织部分和相应制品，以及所有不管是天然起源还是人工起源的林木。第 2 小项规定，"植物"概念不包括普通培育植物（除了林木）和农作物，不包括用于实验室或田间研究的基因种植资源的科学标本，不包括用于移植或者更新的植物。第 3 小项规定，如果这些植物属于《濒危野生动植物种国际贸易公约》的名录，或者属于《濒危物种法》所规定的濒危或者受到威胁的物种、或者依据任何一州法律属于受保护且濒临灭绝的本土物种第 2 小项不适用。除此之外，第 j 款扩充了"取得"的概念（"taken"和"taking"）和内容，包括了植物的采集、采伐、搬运和转移等。

（2）增设了涉及植物的违法犯罪类型　根据《雷斯法案》，可能涉及的主要违法行为包括：①在违反任何国家植物保护法规的情况下擅自取走、运输、拥有或出售的植物；②在没有缴付必需的林区使用费、税费或未付费的情况下擅自取走、运输、拥有或出售的植物；③在违反任何植物出口或转运法规限制的情况下擅自取走、运输、拥有或出售的植物。除了持有、运输或出售等违反各州法律或者规章、或者外国保护植物法律的行为之外，另外规定：任何盗伐、盗挖植物行为；任何从公园、森林保护区或其他官方保护区取得植物行为；任何没有获得官方许可或者与官方许可相违背而取得植物行为都被禁止。

（3）增加了涉及植物的处罚类型　针对增设的犯罪类型设置了相应的处罚规定。《雷斯法案》修正案第三条、第四条对应不同的犯罪类型分别设置了罚款、没收及监禁等民事和刑事处罚措施。此外，第二条还增设了植物申报制度，包括申报、评审和报告等三部分。申报制度分为进口植物申报和相关植物制品申报。

概言之，根据《雷斯法案》修正案，如果不能证明植物和植物制品来源合法，则推定为非法；如果将非法来源的植物和植物制品购买和/或进口到美国，则受到法律制裁。经过 2008 年修订，《雷斯法案》成为世界上第一部禁令非法来源的木材及制品产品贸易的国内法。

二、达成什么样的解决协议？

在美国司法部和"吉普森"达成的解决协议中，"吉普森"对从马达加斯加购买进口黑檀木的行为供认不讳，对相关处罚也愿意接受。按照协议，"吉普森"必须履行：

　　——支付 30 万美元罚金；

　　——另支付给"全国鱼类和野生动物基金会"（the National Fish and Wildlife Foundation）社区服务经费 5 万美元，用于"促进保护、识别和繁殖在乐器制造业所用的受保护树种，以及发现这些树种所在的森林。"

　　——建立公司内部守法机制，加强调控机制和程序；

　　——放弃对联邦政府在刑事调查中罚没该公司木材主张民事赔偿，其中包括价值 261844 美元的马达加斯加乌木。

作为交易条件，司法部同意，如果"吉普森"全面履行上述义务，且保证今后不再违反《雷斯法案》，"吉普森"及其雇员因这次从马达加斯加和印度购买进口非法木材的犯罪行为，免受联邦政府提起刑事起诉。

本案得以协议解决，最为关键是吉普森吉他公司对其行动愿意承担所有责任。该公司承认事先并不知道从马达加斯加很难或者不可能提供合法来源的黑檀木，承认经过调查表明采伐和进口的这些黑檀木"具有重要的环境和法律意义"，也承认联邦政府依据《雷斯法案》修正案对其认定的法律责任与其从国外进口乐器木制品的情节是相适应的。

三、如何认定尽到了"适当注意"？

对于其他木产品制造企业来说，在美国司法部和"吉普森"达成的解决协议中，最具有借鉴价值的是"吉普森"制定的遵守《雷斯法案》修正案计划，该计划包括一项非常关键的内容——"适当注意"（Due Care）。"适当注意"是根据《雷斯法案》定罪量刑的法律标准，简单来说就是"在一定或者同样的情形下，任何一个理智正常的人表现出来的注意的程度"。可见，"适当注意"适用非常弹性，对不同企业有不同要求。但从《雷斯法案》修改后，许多企业不太清楚"适当注意"的要求，现在应该采取更加有力措施加强监控，以提高"适当注意"的程度。"吉普森"遵守雷斯法案计划包括了许多详细的内容，可供其他公司借鉴：

　　——所有采购人员的年度培训计划；

　　——与供应商沟通；

　　——制定详尽的采购清单；

　　——与所在国的法律专家或者资质第三方联合开展对他国法律和许可的检查确认；

　　——在采购清单之外进行风险独立评估；

　　——借助有关《濒危野生动植物种国际贸易公约》（CITES）、世界自然保护联盟(IUCN)濒危物种红色名单、国家(指美国和相关贸易伙伴国)濒危物种名单以及联合国环境署世界保护监测中心的数据,对进口木材在物种层面进行风险评估;

——要求供应商提供样本文件提供满足雷斯法案要求的各种信息;

——保持记录;

——对不遵守合法木材采购政策的员工进行处罚。

四、"吉普森"案件告诉我们什么?

"吉普森"案件注定备受瞩目,案件处理从不同角度具有不同意义。首先,美国通过"吉普森"案件处理,创立了《雷斯法案》修正后的第一个先例,按照美国司法遵循先例的原则,"吉普森"案件将为日后非法木材进口案件处理提供了范式。其次,"吉普森"案件必将极大地鼓励欧盟和澳大利亚的立法者和决策者,欧盟和澳大利亚正在制定类似《雷斯法案》的森林合法性法案。第三,"吉普森"案件将进一步推动美国、欧盟和澳大利亚等主要林产品消费地区加强执行森林合法性政策,将对消费国和供应国的林产品制造业,以及全球国际贸易和市场秩序,带来一系列的冲击和影响。

更值得关注的是这一案件给企业带来重要的经验教训。日后,在木材及制品的购买、制造和进口中,有关林业企业应未雨绸缪,加强建立起"适当注意"机制建设,避免触犯了《雷斯法案》的有关规定,陷入"吉普森"所遇到的法律纠纷,最终遭受财产损失和名誉损坏。上面所列的"吉普森"守法计划要点,以及一些机构如"森林合法性联盟"(the Forest Legality Alliance)制定的针对世界重点区域或者特定行业的合法性指南,均可作为参照体系。

五、我国应抓紧做好怎样应对工作?

在目前的林产品国际贸易中,我国是最主要的供给国之一,而美国和欧盟一直是我国林产品的最重要的贸易伙伴。据统计,2010年,我国前五位贸易伙伴分别是美国(23.98%)、日本(9.72%)、中国香港(5.24%)、英国(4.62%)和德国(3.23%)。在"吉普森"案件处理后,美国和欧盟将进一步加强执行森林合法性政策,这将带来国际林产品贸易的新变化。为适应形势,我国应该及时做好以下方面的应对工作:

一是加快推进符合我国国情林情又与国际接轨的森林认证工作,积极推动我国主要木材供应国加强立法、执法和认证工作。

二是科学制定林产品贸易战略,开拓林产品贸易市场,分散林产品出口市场过于集中的风险。

三是逐步建立与美国、欧盟、日本等进口国主管部门和企业的协调沟通机制，及时有效地应对随时出现的法律纠纷。

四是加强我国林业企业及其从业人员培训，建立企业风险防控机制，提高从业人员法律、贸易和濒危物种识别水平。

五是加强对策研究和咨询服务，为我国出口商及其业务伙伴提供更容易使用的工具和各类信息，包括满足《雷斯法案》和其它合法性政策要求的报关表格工具、经营指南和可持续木材和林产品的采购名单。

（资料来源：www. justice. gov，2012 - 08 - 06，insight. wri. org，2012 - 09 - 13）

世界银行完成"完善刑事司法工作，打击非法采伐"研究，并敦促国际社会采取行动

2012 年 3 月 20 日，世界银行发布题为《森林的正义：完善刑事司法工作，打击非法采伐》(*Justice for Forests：Improving Criminal Justice Efforts to Combat Illegal Logging*)的研究报告，指出全球非法采伐十分严重，如每 2 秒钟就有一个足球场大的森林林地因为遭到非法采伐而消失，又如在某些国家，森林采伐任务的 90% 是非法采伐。报告认为非法采伐严重的主要原因在于：一方面非法采伐目前呈组织化犯罪趋势，另一方面政府官员腐败，司法执法无力。该报告指出，一项 4 年期的研究对世界上森林资源较为丰富的巴西、印度尼西亚、墨西哥和菲律宾的森林执法力度进行分析，认为在这些国家森林执法无效。如四国对非法采伐刑事处罚的累积概率仅为 0.082%，甚至在印度尼西亚的巴布亚省概率仅为 0.006%。报告提出了 5 条政策建议和 8 条操作建议。5 条政策建议依次是：①开发一套综合的打击非法采伐刑事工作战略，该战略采纳并执行清晰的和全面的政策，该战略应包括明确的目标和进度跟踪评估。政策应优先针对主要的非法采伐案例并保障对有能力的执法者提供必要的资源；②改善国内合作；③争取私营部门监督支持；④鼓励民间有正义感人士的监督；⑤把打击非法采伐的刑事执法作为官方发展援助项目中的一部分。8 条操作建议依次是：①林业部门形成合力；②大力惩治腐败；③找出执法不力弱点环节和突出的罪犯，重点围绕这些弱点和罪犯开展弱点改善和强力打击工作；④跳出环境监管执法犯罪，考虑官员犯罪的所有可能环节；⑤追踪黑钱流向；⑥严格执行反洗钱和尽职调查要求；⑦采用所有可能的刑事侦查手段(电子监控、秘密行动和证人保护措施等)应对复杂的非法采伐犯

罪；⑧增强和改善国际合作。

（摘译自：Justice for Forests Improving Criminal Justice Efforts to Combat Illegal Logging）

欧盟 FLEGT "自愿伙伴协议"
参与国可能呈扩大趋势

森林与欧盟资源网络（FERN）主办的《欧盟森林观察》（EU Forest Watch）2012 年 5 月份的特刊，概括了由欧盟"森林执法、良治和贸易行动计划"（FLEGT）进程，分析了木材原产地和生产国之间签订的"自愿伙伴协议"（Voluntary Partnership Agreements）的谈判进展。据悉，目前欧盟与 6 个国家（喀麦隆、中非共和国、加纳、印度尼西亚、利比里亚和刚果（布））的谈判已经结束，其中喀麦隆和加纳两国政府已经批准该协议；利比里亚和中非共和国预计不久也将批准。与刚果（金）、加蓬、马来西亚和越南的官方谈判正在进行中，但是与刚果（金）的谈判临时性暂停。有 3 个国家希望启动官方谈判：科特迪瓦、洪都拉斯和老挝。表示有兴趣展开谈判的国家有：泰国、圭亚那、玻利维亚、马达加斯加、塞拉利昂和厄瓜多尔。

（摘译自：Status of VPA Negotiations）

新西兰称我国原木过度供给致其林产品出口疲软

2012 年 3 月 29 日，新西兰农林部分析，由于我国原木过度供给和连续的通货压力，导致其林产品出口额减少。农林部发布的林产品生产和贸易数据显示，2011 年第四季度，新西兰林业出口下降为 5610 万美元。但 2011 年全年，新西兰林产品出口总值较 2010 年增加，因为对中国的出口（2011 年）年中有强劲增长。2011 年林产品出口总值为 45 亿新西兰元（折合 35.4 亿美元），约占该国同年出口总值的 9.8%。锯材的出口形势更为多变，2011 年出口总值为 7.51 亿新西兰元（折合 5.9 亿美元），出口量 190 万立方米。新西兰农林部的报告认为，由于美国和澳大利亚国内高价值建筑、装修市场持续疲软，以及主要交易货币较高的交易汇率，造成出口形势恶化。

（摘译自：http：//www.mpi.govt.nz/news-resources/news/forestry-export-demand-weaker）

俄罗斯削减关税效果小 木材出口未必恢复高水平

近期，一些研究机构和木材资源国际公司（Wood Resources International LLC）①分析俄罗斯加入世贸组织后削减关税行动对世界木材贸易的影响，认为该行动不会把俄罗斯木材出口量增加到关税削减前的水平。

过去5年，俄罗斯于2008年执行25%的出口关税税率，原木（log）出口量已经下跌。虽然其占据世界市场的份额已明显减少，它仍是世界上最大的软木出口国。去年12月，俄罗斯加入世贸组织，根据规则其将削减林产品进出口关税，松木和杉木分别从以前的25%削减为15%和13%。对桦木建议的新关税实际上比目前对小径级原木执行的关税税率高。

除了降低关税，建议还包括对软木贸易执行数量配额限制。在配额限制水平下，适用新关税税率，在配额限制水平上，将适用目前采用的关税税率。

建议的配额限制水平对俄罗斯与欧盟的贸易几乎没有影响，因为该配额数量明显高于2011年的装船量，接近于2006年的贸易历史记录水平。对欧盟外国家的配额限制水平是1300万立方米，其中松材占95%。中国是俄罗斯原木主要出口地，2011年出货量低于建议的配额限制水平。过去10年，年度松木货运量高于配额水平的情况出现了3次。

尽管关税税率削减12%，但在今后几年，国外原木采购商不可能大量涌入俄罗斯采购更多的原木。原因在于，其国内的商业气候继续让贸易艰难，如动荡不定的政治环境、有如顽瘤的腐败、不断攀升的国内原木成本和严重落后的基础设施等等。

这些不确定因素让许多森林公司在与俄罗斯投资或贸易时抱着警惕心态，这将促使它们开拓世界其他森林资源地区。

（摘译自：Reduced Log Export Tariffs in Russia Unlikely to Boost The Country's Log Export Volumes Back Up to Historic Levels）

---

① LLC是设在华盛顿州的一家产业研究机构，该公司从1988年起就开始跟踪木材价格的变化和木材贸易情况。

经济复苏缓慢、欧元危机深化、雷斯法案实施等致欧洲经委会区域林产品市场仍处低谷

2012 年 8 月底，联合国欧洲经济委员会（简称欧洲经委会）和联合国粮农组织发布了《2011～2012 年度林产品市场审查报告》（以下简称《审查报告》）（*The UNECE/FAO Forest Products Annual Market Review* 2011—2012）。

《审查报告》针对联合国欧洲经济委员会（欧洲地区，北美和东欧，高加索和中亚）2011～2012 年林产品市场，提供总体信息和统计数据。《审查报告》共有 13 章，第 1 章为概述，第 2 章描述当前宏观经济形势，第 3 章分析政府和产业政策及其对林产品市场影响。接下来的 5 章是根据供给国年度统计数据，描述了木质原材料、软木锯材、硬木锯材、人造板以及纸、纸板和纸浆市场。其他各章讨论了木材市场、林产品认证、木材能源市场、森林碳市场、增值林产品市场和木制林产品研发。

经过全面深入分析，《审查报告》得出 3 个主要结论：

——2011 年工业用原木生产比 2010 年以 2.4% 的小幅度增长，而采伐比 2009 年最低水平提高到 12% 以上，但是比 2007 年仍下跌了 14%。

——欧洲经济委员会地区的经济复苏较为缓慢；欧元区危机不断加深，增加了林产品市场的不确定性，市场活跃程度仍远低于危机之前。

——《美国雷斯法案修正案》（*Lacey Act Amendment*）和《欧盟木材规定》（*EU Timber Regulation*）让木材进口商增加新的法律义务，这些进口商为了避免非法采伐而采取"低风险"经营行动。

《审查报告》所用的数据是 2012 年 4 月通过粮农组织/欧洲经委会/欧盟统计办公室（Eurostat）/ITTO 发给各国官方通讯员收集，并经相关国家和欧盟统计办公室所确认。

（资料来源：www. euroforest. org，2012－08－21）

新的木材追踪工具有利于推进全球打击非法采伐

2012 年 4 月份，参加马来西亚吉隆坡一次讲习班的科学家们、政策分析家和林业专家分析，通过遗传和稳定同位素标记监测木材产品供应链的新战略，预计将在国际社会努力打击非法采伐的斗争中，起到至关重要的作用。

全球木材跟踪网络（GTTN）、生物多样性国际促进创新工具的使用，根据对稳定同位素的研究，可以确定木材树种，并追踪它们的起源。澳大利亚植物保护生物学教授安德鲁·洛说："遗传数据提供了一个证据，你不必质疑。因为木材的每一个细胞的 DNA，不能伪造。我们正在建立数据库，将作为重要的支撑，为林业产业提供监测。"

全球木材跟踪网络旨在建立一个全球数据库，通过交易的木材树种的遗传和稳定同位素标记，加强认证标准和法律，以补充现有的空白。数据库将允许进口商精确验证木材及木制品的来源，并提供确凿证据，保证真正从可持续管理的森林或者其他合法采伐来源获得木材及其加工品。

木材追踪将进一步推动欧盟森林执法、施政与贸易行动（FLEGT）。欧盟已经与个别木材生产国订立双边自愿伙伴协议（VPA）遵守欧盟森林执法、施政与贸易行动计划。根据协议，合作伙伴国家必须提高其森林部门的监管和治理，以保证出口到欧盟的木材来源合法。2011 年 5 月，印度尼西亚成为亚洲第一个国家与欧盟签署协议的国家。印度尼西亚还与一些主要木材进口国签署谅解备忘录，包括美国和澳大利亚，但许多谅解备忘录仅在纸上存在，并没有具体的监测系统。

"我们看到一个强大的政策正在推动一些方法来识别非法采伐的木材，遗传和稳定同位素标记将做到这一点。"国际生物多样性中心的资深科学家朱迪·卢说。

（摘译自：New Timber Tracking Tools to Bolster Global Fight Against Illegal Logging

后　记

　　2007 年，国家林业局党组要求，针对气候变化下与林业有关的公约、政策和行动进行协同研究，决定创办《气候变化、生物多样性和荒漠化问题动态参考》，由国家林业局经济发展研究中心具体承担办刊工作。此后每年，经济发展研究中心组织力量，密切跟踪国际生态治理进程和各国生态建设情况，搜集、分析、整理出重要行动和政策信息，以供有关领导和管理部门了解情况和决策参考。

　　在办刊中，不少部门和单位反映，希望将每年各期的《气候变化、生物多样性和荒漠化问题动态参考》整理汇编，以便查阅、学习和研究。有感于此，我们决定从 2012 年起，将每年各期《气候变化、生物多样性和荒漠化问题动态参考》，按照不同主题，对各条信息进行整理归类，编成年度辑要。

　　气候变化、生物多样性和荒漠化等问题覆盖面广，涉及许多方面的内容。我们深知工作有许多不完善的地方，今后会倍加努力，希望得到各界人士的关心和支持，对我们工作提供宝贵意见和建议。

编　者

2013 年 6 月